航天传奇

THE LEGEND OF SPACEFLIGHT

李宏　吴杨新　张国力　吴浩琦　编著

山西出版传媒集团　山西教育出版社

图书在版编目（CIP）数据

航天传奇 / 李宏等编著. —太原 ：山西教育出版社，2020. 1

ISBN 978-7-5703-0566-7

Ⅰ. ①航… Ⅱ. ①李… Ⅲ. ①航天—世界—青少年读物 Ⅳ. ①V4-49

中国版本图书馆 CIP 数据核字（2019）第 186134 号

航天传奇

HANGTIAN CHUANQI

责任编辑 彭琼梅
复　　审 李梦燕
终　　审 冉红平
装帧设计 薛　菲
印装监制 蔡　洁

出版发行 山西出版传媒集团 · 山西教育出版社
（太原市水西门街馒头巷 7 号 电话：0351-4035711 邮编：030002）
印　　装 山西新华印业有限公司
开　　本 890 mm×1240 mm 1/32
印　　张 8. 375
字　　数 328 千字
版　　次 2020 年 1 月第 2 版 2020 年 1 月山西第 1 次印刷
印　　数 15 001—20 000 册
书　　号 ISBN 978-7-5703-0566-7
定　　价 26. 00 元

前 言

◇ ……………………

航天事业是人类探索宇宙、开发太空的一项伟大事业，航天应用更是造福于人类的美好事业。它涉及天文、物理、生物、化学、生命、材料等科学和技术。航天，体现的是一个国家或组织的综合实力。航天，也是一个关乎人类未来的重要事业，比如外太空探索、外星球移民、星际资源开发、防御小行星小彗星、寻找外星生命等，对人类来说都很重要。

再现人类太空探索从无到有的历史，观看各项航天计划惊心动魄的过程，重温人类载人航天的传奇，可以强烈感受到人类非凡的智慧、勇敢和奉献。

在当年美、苏的太空竞赛中，他们推动了一个又一个太空奇迹的诞生，获得了一个又一个杰出的太空硕果。伴随着改革开放的进程，我国的载人航天事业也正在逐步发展壮大，并取得了辉煌的成就。无论是神舟飞船，还是嫦娥卫星，都在向世人讲述着中国人为探索宇宙付出的种种努力。

如今，中国的航天事业已经成为中国复兴崛起的突出象征，中国航天人将继续摆脱地球这个摇篮，去探索整个宇宙。太空至今仍然是一个神秘的领地，自从人类开始运用航天技术以来，探索太空、开发宇宙的步伐就从未停顿，科学技术的飞速发展，必将更快地推动人类进军宇宙。当今世界，进军太空只有依靠自己的实力，谁能掌握先机，谁就能在未来空间竞争中获得主动权。我们伟大祖国的航天事业虽然起步晚，但发展快、起点高、特色强，正在令世人刮目相看，中国正在由航天大国向航天强国迈进。

本书由李宏、吴扬新、张国力、吴浩琦编著。书中如有错误或不妥之处，敬请读者批评指正。

目录

一　美丽的飞天传说

01 先古飞天传说

◇ ……………

地球是万物的摇篮。历经千万年的沧桑岁月，人类以其智慧和双手，征服自然，创造了我们美好的家园。然而，人类并不满足，他们仰望苍穹，对头顶上火红的太阳、皓洁的月亮以及群星灿烂的夜空产生了浓厚的兴趣。时间如梭，月光如水，一颗绚烂的种子在人类智慧的土壤中萌生，那是对天上美景的想象，对自由飞翔的渴望，以及探索和征服太空的愿望。

在古代，由于生产力的低下，人类对太空的认识，仅限于猜测和幻想。于是产生了有关太空的种种神话和传说。如：大家熟知的中国神话故事嫦娥奔月、牛郎织女、敦煌飞天等。其中，以嫦娥奔月的故事最为经典，并且流传出好几个版本。有背叛说、无奈和忠贞爱情说等。虽然这些故事版本不同，但有一点是共同的，那就是嫦娥是靠吃"神药"奔向月亮的，所谓的"神药"实际上就是我们今天科学研究追求不止的"航天推进剂"。

流传较广的无奈和忠贞爱情版是这样说的：

在帝尧时代，有一个英俊的帅哥叫大羿。他力大无比，而且射得一手好箭。有一天，他到山中打猎，在一棵月桂树下遇到一个美女叫嫦娥。两人交谈甚欢，于是就以月桂树为媒，结为夫妻。

嫦娥奔月

后来大羿射九日，成为英雄，王母娘娘奖励他两颗长生不老药。大羿把药交与嫦娥保管。有一个叫逢蒙的无赖听说了这件事，他趁大羿外出打猎，就跑到嫦娥家去偷窃。没想到被嫦娥发现，逢蒙偷窃不成就想杀人灭口，他抽出短剑，向着嫦娥刺去。嫦娥躲闪着，她一个弱女子怎么能打得过逢蒙呢？不能让“神药”落入歹人之手！情急之下，嫦娥把两颗神药塞进嘴里，一下子吞入肚中。顿时，嫦娥感到身轻如燕，徐徐飞上天去，一直飞到月亮上去了。嫦娥在月亮上的广寒宫里，万分思念大羿，虽然月亮上琼楼玉宇，但高处不胜寒。嫦娥每天催促吴刚砍伐桂树，让玉兔捣药，想配成飞升之药，好早日回到人间与大羿团聚。大羿不见了嫦娥，痛不欲生。嫦娥在月亮上也是每日以泪洗面。一天，嫦娥在梦中向丈夫倾诉自己的思念之苦。她说：“平时我没法下来，明天乃月圆之时，你用面粉做成饼，团团如圆月形状，放在屋子的西北方向，然后再连续呼唤我的名字，到三更时分，我就可以回家来了。”

第二天，大羿照妻子的吩咐去做，果然三更时分，嫦娥由月中飞来，夫妻团聚。中秋节做月饼供嫦娥的风俗，也就由此形成。还有人说，月母为二人的真诚所感动，于是允许嫦娥每年在月圆之日下界与大羿在月桂树下相会。传说有好多人都曾经听到大羿与嫦娥在月桂树下窃窃私语呢。

嫦娥奔月等神话传说，朴素地反映了古人对于探索太空奥秘、揭示未知世界的强烈愿望。今天，我们不能认为这些幻想可笑，因为，我们今天的辉煌，正是建立在古人对太空的无限向往和大胆幻想之上的。

在中国目前三大航天发射中心之一的酒泉卫星发射中心，就竖立着一座“嫦娥奔月”的雕塑，以纪念这段传说。

世界上还有许多神话故事，比如爱琴海的故事、奥林匹斯山诸神的故事以及飞行的阿波罗战车等。它们深刻地影响了一代又一代人，正是这些对航天、对外太空的无限向往，引导着更多的人投身到极富魅力的航天事业中来。

02 勇敢的万户飞天

◇

万户是世界上第一个利用火箭向太空搏击的先驱者。他的飞天尝试虽然失败了，但他借助火箭推力升空的创想使他被世界公认为“真正的航天始祖”。那么，万户是谁呢？他是一个名字还是一个官职呢？这些都不得而知。国外最早记载“万户飞天”的是美国火箭学家赫伯特·S·基姆。他在1945年出版的《火箭和喷气发动机》一书中介绍了万户飞天的故事。

万户是14世纪中叶，也就是明朝初年人。他和明朝大名鼎鼎的皇帝明熹宗朱由校有着共同的爱好，即喜爱木工，是一名木工达人。万户不仅被人称作活鲁班，而且喜欢进行技术改良或者发明创造，他为了让自己的天赋产生最大的科学和经济价值，决定从事武器研究。在军队，他改造了一系列武器：刀、枪、箭、炮。当时，万户的这些发明让明军屡获战功，因此万户受到班背大将的青睐，把他调到兵器局上班，专心研发武器。班背也是个兵器爱好者，他的兴趣重点是在当时的火箭技术改良上，梦想制造出一种能够上天的“飞鸟”。

班背和万户有了共同语言，成了好朋友。在班背的支持下，万户科研的劲头更足了。但好景不长。班背是一个正直的人，舌头不会打弯，心眼也没有窟窿，一根直肠子通到底，不久他就得罪了右中郎李广太，被炒了鱿鱼不算，还被关在拒马河上游的深山中。万户决心营救班背。右中郎是一个什么官呢？右中郎是一个王宫的侍卫长官，可以经常见到掌握军权的燕王朱棣。李广太向燕王推荐万户，说万户会利用火箭造“飞龙”和“飞鸟”。万户为了救出班背，答应李广太的要求制造出由“飞龙”火箭发射的“飞鸟”。

由于拒马河在明朝边境，班背没有等到万户来救他，就死在了蒙古人的刀下。遇难前，他让随从把自己毕生的研究成果——《火箭书》带了出去，交到万户手上，希望他完成自己的飞天梦想。握着《火箭书》，万户悲愤交加。他立誓要造出“飞鸟”，完成班背的遗愿。明朝的火箭技术在当时是处于世界领先地位的，其“神火飞鸦”“火龙出水”和“飞空击贼震天雷炮”三种新产品独具匠心。“神火飞鸦”和“飞空击贼震天雷炮”的战斗部为爆炸型，并且加入了铁片、瓷片等碎片来加大对人员的杀伤效果，“火龙出水”的战斗部则是纵火燃烧型的，在海战中可以焚毁敌舰。其次是推进用的火箭，以并列的火箭来增加推力，“火龙出水”更是采用了两级火箭，射程极远，在对日作战中曾经大显神威，让丰臣秀吉的倭兵们吃尽了苦头。万户经过多年的研究，逐渐从军中广泛使用的火箭中得到了灵感，设计出一种前所未有的“飞龙”火箭，射程可以达到1000米。该是实现梦想的时候了，于是万户迈出了人类走向太空的第一步。他在椅子后面捆绑了47支“飞龙”火箭，借助火箭向前推进的力量升空。难能可贵的是，他还想到了着陆问题，手里准备了两个大风筝，这样就可以平稳地降落。这几乎是当时所能想到、所能用到的最先进的优势组合了。

万户起飞那天，他坐在“飞天椅”上，平静地吩咐仆人举起火把。班背的梦想，他的梦想，无数古人的梦想，那一刻在他的口中化作两个坚定的字：“点火！”

一位仆人手举火把，来到万户的面前，心情非常沉痛地说道：“主人，我心里好怕。”

万户问道：“怕什么？”

那仆人说：“倘若飞天不成，主人的性命怕是难保。”

万户仰天大笑，说道：“飞天，乃是我的毕生愿望。今天，我纵然粉身碎骨，也在所不辞。你等不必害怕，快来点火！”

仆人们只好服从万户的命令，举起了熊熊燃烧的火把。

只听“轰!”的一声巨响，“飞龙”周围浓烟滚滚，烈焰翻腾。顷刻间，“飞龙”已经离开地面，徐徐升向半空。

正当地面的人群发出欢呼的时候，突然，横空一声爆响。只见蓝天上万户乘坐的“飞天椅”变成了一团火，万户从燃烧着的“飞天椅”上跌落下来，手中还紧紧握着两支着了火的巨大风筝，摔死在万家山上。

万户飞天

尽管万户未能使火箭升上天空，但他已经告诉后人，火箭将是人类冲出地球进入太空的最基本手段。

为了纪念这位伟大的人类航天先行者，20 世纪 70 年代的一次国际天文联合会上，众人将月球上一座环形山命名为“万户”，将他的名字永远写在了他梦想触及的地方。

“万户飞天”这个最神奇、最早的航天故事，在中国现存古籍中暂时还没有找到记载，但是这个传说早已深入人心，连历史学家都推测“万户飞天”可能确有其事。也许，是历史上多次的焚书坑儒，造成资料的流失，也许是某些书籍流传到海外，被赫伯特 · S ·

基姆看到，总之，这个口口相传的故事，如今已经普及化、经典化。因为每一个航天传奇，实际上都是源自人类向往太空翱翔的心理情愫。

万户飞天塑像

03　影响深远的科学幻想小说

科学幻想小说常常寓有科学的预言，能够启发人们做出重大的发明创造。它跟一般的小说不同，其中的科学性和幻想性，对人们眼界的开拓、思路的扩展均作用非凡，特别是对人们思维的创新和灵感的触发都有不可估量的影响。科学幻想小说与古代神话传说有着根本区别。前者在科学的基础上加上合理演绎和设想，虚幻之中寓有合理的思路，能使人从中得到启发和鼓舞。从神话传说到科学幻想又到科学实践，是人类的一个伟大进步。

将天文知识与虚构的故事结合起来的太空飞行幻想小说起源于17世纪。开普勒是最早撰写太空科学幻想小说的作家。他的作品《梦游》描述了人类飞渡月球的情景。在17世纪的太空幻想小说作家中，法国的S. C. 德贝尔热拉克最富有想象力。他在《月球旅行》一书中设想了多种推进方法，包括火箭和利用太阳能的喷射推进器。19世纪60年代，法国的A. 艾罗、美国的E. E. 黑尔、德国的K. 拉塞维茨和英国的H. G. 威尔斯等作家所写的太空旅行著作吸引了许多读者，而法国著名作家J. 凡尔纳的《从地球到月球》和《环游月球》产生的影响更为广泛。许多航天专家都受过这些科幻小说的影响。

科幻小说之父凡尔纳

凡尔纳生活在19世纪，却描写和预测了许多在一百多年后才出现的发明成果，比如：霓虹灯、空调、计算器、复印机、电梯、海底电缆、导弹、坦克、电动潜水艇、飞机、互联网等。凡尔纳被尊称为“科幻小说之父”。他一生写了60多部科幻作品，是世界上被翻译最多的作品。

当无线电之父、意大利科学家马可尼还没有发明电报时，在凡尔纳的笔下已出现了电报，甚至还有“有声传真”——电视。

在美国的莱特兄弟还没有制造出第一架飞机的几十年前，凡尔纳已在作品中让读者身临其境地登上了直升飞机。

建造“亚尔古”潜艇的发明家莱克感谢凡尔纳给了他创造的灵感，他自传中的第一句话就是：“凡尔纳是我一生的总指导。”

为了表达对凡尔纳的敬意，美国第一艘核潜艇即以凡尔纳小说中的潜水艇“鹦鹉螺号”命名。

20世纪60年代中期和晚期，电子邮递才刚刚兴起，懂电脑的人寥若晨星，到了80年代传真机才被发明，可是凡尔纳却在1863年的手稿《20世纪的巴黎》中写道：“传真电报能将任何的手稿、签名或图示送到很远的地方，也可以使你与2000千米以外的人签约。”

在《20世纪的巴黎》中凡尔纳这样描写100年后的巴黎夜景：“一座没有很大实用价值的灯塔刺向夜空，高达5000法尺（约合150米），这是世界上最高的建筑物。”26年后，在距小说中描述的位置不远的地方，300米高的埃菲尔铁塔建成了。

凡尔纳预言了乘坐“子弹列车”享受往返法国各个城市之间的舒适旅行，而今天，法国TGV高速列车仅用两小时就连接起巴黎和凡尔纳的故乡南特这两个相距近400千米的城市。

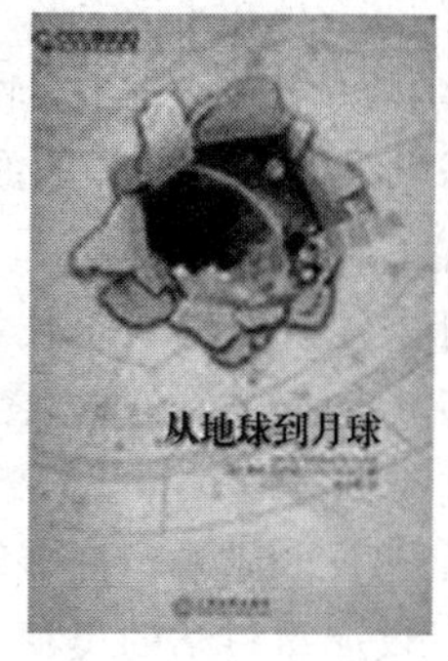

凡尔纳科幻小说封面

科幻小说以丰富的想象力和严密的科学态度，大胆预测未来。尤其是关于航天的科学幻想小说，从人类的心理情愫上，进一步促进了人类对太空飞行的渴望。

在航天类的科幻小说中，对人类登月、火星探测、外太空探索等航天活动进行了科学的描述和预测。

例如，凡尔纳曾正确预言了许多航天活动的基本情况，比如，火箭发射场、飞船密封舱、失重、火箭变轨道飞行、制动火箭、海上溅落……这些预言都同现在的航天有惊人的吻合。凡尔纳在科幻小说中还把发射场选在美国佛罗里达州的南端，没想到这里后来真的成为美国主要的航天发射场，美国航天局肯尼迪航天中心、美国探月、登月的发射场，就坐落在那里。

1969 年，美国阿波罗飞船登月成功，那时，凡尔纳已逝世64 年了。可是，当凡尔纳的粉丝们翻开凡尔纳的科幻小说《从地球到月球》时却惊讶地发现，小说中说，乘炮弹上天的是三个人，而阿波罗飞船则有三名航天员；小说中还说，炮弹航速为 36000 英尺/秒，而阿波罗飞船的航速是 35533 英尺/秒，只相差 467 英尺/秒；小说中说，炮弹到月球用了 97 小时 13 分 20 秒，而阿波罗飞船登月用了 103 小时 30 分，仅仅相差 6 小时；小说主人公乘坐的是一枚巨型炮弹，从美国的佛罗里达州发射出去，而阿波罗飞船也正是从佛罗里达州的卡纳维拉尔角升空的。一切都是如此相似，令人惊讶。凡尔纳为了写好这部书，向人请教了许多数学、物理学和天文学问题，他在小说中设计的类似宇宙飞船的炮弹和发射装置都经过了严格的数学计算。书中人物所乘坐的炮弹的速度接近第二宇宙速度，达11千米/秒，人坐在空心的炮弹中，里面还装有粮食、水和制氧用的化学药品，能飞行4天。

如今，欧洲航天局计划发射一架以“凡尔纳”命名的新型航天器，向这位生活在一个多世纪前的科幻小说之父致敬。这架航天器将带上凡尔纳的小说《从地球到月球》和《环游月球》两部科幻作品。

凡尔纳的小说产生了非凡的影响，许多航天先驱者都受到这部小说的影响。科幻小说不仅展示科学的奥秘，还深刻地思考科学发展对人类的影响。人口膨胀、环境污染、能源危机、基因变异等各类困扰当今人类发展的问题往往成为科幻小说作家的主要创作题材。阅读科幻小说不仅可以获得一定的科学理论知识，更重要的是，在超时空的科学幻想中，引发人们对科学理性的反思，激发探索未知世界的兴趣和勇气。

科学幻想蕴含着丰富的想象力。有着想象，就有着创造，在人类征服太空的航程中，航天科幻小说的影响是深刻的。许多火箭和航天先驱都受到过科幻小说的启发和激励，创造出人类航天的辉煌。

二 先驱者“航天三侠”

01 火箭列车

◇……………

齐奥尔科夫斯基

“地球是人类的摇篮，然而人类不应总是生活在摇篮中，他们将会不断争取新的生存空间与世界，起初是小心翼翼地飞出地球大气层，然后将探索整个太阳系。”这段话是铭刻在俄罗斯伟大的航天之父康斯坦丁·齐奥尔科夫斯基纪念碑上的一句名言。掩映在鲜花绿树之中、高耸于天的纪念碑像一把笔直的宝剑直插天空，象征着这位航天之父对太空的执着与眷恋。

1857 年 9 月 17 日，齐奥尔科夫斯基出生于俄罗斯梁赞省一个美丽的村庄。这个家有 7 个孩子，齐奥尔科夫斯基排行老五。齐奥尔科夫斯基认为，父亲给了他坚强的意志，母亲给了他才华和对事物的热情。

童年的齐奥尔科夫斯基活泼伶俐，爱读书，喜欢思考问题，尤其是爱不着边际地幻想，是个幻想迷。他说:“小的时候，为了让弟弟听我的狂想，我甚至会付钱给他。我幻想过我有很强的体力，幻想我像猫一样，顺着绳子和竿子爬得很高，看得很远。”

不幸的是，10 岁的时候，他因滑雪得了严重的感冒，又染上猩红热，最终几乎完全失去了听觉。从那以后，齐奥尔科夫斯基与外界几乎隔绝。他成了一名残疾人，生活在一个无声的世界里。齐奥尔科夫斯基回忆说:“我的耳朵近乎全聋，因此成了邻近儿童们嘲笑的对象。这个生理缺陷使我同人们疏远了，但却使我发奋读书，用幻想来忘却所有的烦恼。”

正是“天将降大任于斯人也，必先苦其心志，劳其筋骨，饿其体肤，空乏其身，行拂乱其所为”。早期遭受的各种磨难，使齐奥尔科夫斯基从此走上了独立思考、善于想象的道路。康斯坦丁念完小学三年级就被迫辍学了。两年后，母亲去世，他只好在家自学。16 岁时，他只身到莫斯科求学，但由于耳聋，又无中学毕业文凭，无法进入大学。

他在莫斯科的三年多时间都耗在了图书馆里。家里每月给他寄来 15 卢布生活费、学习费，但他只吃最简单的面包和蔬菜，把余下的钱都买了书和实验用品。他自学了解析几何、高等代数和微积分，学习了物理化学和力学，还以极大的兴趣学习天文学甚至大量阅读小说和杂志。

在莫斯科，齐奥尔科夫斯基为自己不断获得新的知识而由衷地兴奋，但由于长期营养不良，他的体质却越来越差了。1876 年的一天，他父亲的一个熟人在莫斯科偶然看见了他，被他那疲倦和虚弱的模样吓了一跳。于是，齐奥尔科夫斯基被父亲召回了家。

1878 年，由于年老多病的父亲退休，经济上更加困难，齐奥尔科夫斯基回到家乡莫斯科南部卡卢加郊外，考取了中学教师资格，担任中学数学教师，到 1920 年退休。他一生大部分时间都是在那里度过的。

在中学教学之余，齐奥尔科夫斯基醉心于各种科学研究和计算。开始，由于消息闭塞，他经常重复别人已经做过的事情，但他并不气馁。直到 1887 年，他的一些论文终于得到当时著名的科学家门捷列夫和斯托列托夫等人的赏识，他们邀请他到莫斯科做报告，引起巨大反响。于是嘱咐他把资料和模型寄到莫斯科。然而，没有想到的是邻居家突然失火，结果，“城门失火，殃及池鱼”，把他的家也烧得精光，他辛辛苦苦研究十几年的成果全部化为灰烬。但是，大火没有摧毁齐奥尔科夫斯基追求科学的意志。他花了三年时间重新整理了全部资料，把它寄给斯托列托夫。斯托列托夫将这些资料推荐给皇家技术学会航空部，但仍然没有受到重视。航空部对一个没有名气的中学教师的研究成果不屑一顾，一切又如石沉大海。这一切都没有使齐奥尔科夫斯基沉沦。在十月革命前，齐奥尔科夫斯基共撰写了约130篇论文，但只发表了约50篇。不过这已经引起国外科学界的重视。设在伦敦的宇宙飞行中心写信给他，许诺给他优厚的生活待遇和最好的工作条件，欢迎他到英国去工作。齐奥尔科夫斯基回信说:“我是俄国人，我住在俄罗斯，哪儿也不去，我的研究是为祖国俄罗斯和全人类谋利益的。”

在齐奥尔科夫斯基一生中，最感兴趣、花费精力最多、取得成就最大的领域是航天。在很小的时候，有关星际航行的问题已经开始强烈地吸引他。他在1911年回忆说:“在过去很长一段时间里，我也和其他人一样，认为火箭不过是一种少有用途的玩具。我已很难准确回忆起我是怎样开始计算有关火箭的问题。对我来说，第一颗太空飞行思想的种子是由儒勒·凡尔纳的幻想小说播下的，它们在我的头脑里形成了确定的方向。我开始把它作为一种严肃的活动。”

那么，怎样才能让物体飞向空中而不落回地面，即摆脱地球引力而飞离地球呢？齐奥尔科夫斯基认为必须具有相当大的速度。月球与地球之间也有引力，月球之所以不会落到地球上来，是因为月球是在绕着地球转，当它旋转时所产生的离心力足以抗衡地球引力时，它就不会掉下来了。据此，宇宙航行是靠速度来实现的。当运载火箭的速度达到7.9千米/秒（称为第一宇宙速度，又称环绕速度）时，它才能环绕地球飞行而不落回地面。当火箭的速度超过7.9千米/秒时，它仍会绕地球转，但其轨道将不是圆形而是椭圆形。速度越大，椭圆就拉得越高。当速度达到11.2千米/秒时，这个椭圆就张开“嘴”合不拢了。也就是说，火箭将完全摆脱地球的束缚，飞向星际空间，在太阳系范围内活动。因此，11.2千米/秒的这个速度被人们称为第二宇宙速度。当运载火箭达到 16.7 千米/秒的速度时，才能彻底冲破太阳的束缚，飞出太阳系，进入广阔的星际空间，这就是第三宇宙速度。我们熟知的牛郎星和织女星与地球相距分别是 16.3 光年和 26.4 光年。假如宇宙飞船以 16.7 千米/秒的第三宇宙速度航行，飞到牛郎星和织女星的时间分别为 32 万年和 46 万年。

为了谋求特殊的宇宙速度，实现飞向太空的梦想，人类在漫长的岁月里不断地探索着。齐奥尔科夫斯基通过计算证明，要到宇宙空间去旅行，必须采用多级火箭。这种多级火箭就像火箭列车，即当第一级火箭燃烧完后自动脱落，并引燃第二级火箭；第二级火箭燃烧完后，又自动脱落，再引燃第三级火箭……这样，火箭像接力赛跑似的不断被加速，直到把火箭送入太空。人类进入太空的天梯终于找到了。如今，火箭已经成为人类冲出地球、进入太空的最基本手段。

在对火箭运动理论进行了一番研究之后，齐奥尔科夫斯基又对星际航行问题进行了研究和展望。在 1911 年发表的论文中，他详细地描述了载人宇宙飞船从发射到进入轨道的全过程，内容涉及飞船起飞时的壮观景象、超重和失重对航天员的影响、失重状态下物体的奇异表现、不同的高度看地球的迷人景观和天空的景色等。人们读起他的著作来有如亲临宇宙飞船登天的感觉。

更匪夷所思的是，他甚至早早就想到了用液氧、液氢做火箭燃料。他对火箭的燃料进行了深入的研究。火箭是靠向后喷射燃烧着的气体向前飞行的，要使它飞得快、飞得高，就需要有足够的燃料和能够帮助充分燃烧的氧气。齐奥尔科夫斯基提出了用液体燃料代替固体燃料作为火箭推进剂的设计思想，并画出了用液体火箭发动机提供动力的火箭结构示意图。

齐奥尔科夫斯基于 1898 年完成了航天学经典性的研究论文《利用喷气工具研究宇宙空间》，接着，他又于 1910 年、1911 年、1912 年和 1914 年在《科学报告》上发表了多篇关于火箭理论和太空飞行的论文。这些出色的著作系统地建立起了航天学的理论基础。

齐奥尔科夫斯基建立起人类历史上最早的火箭运动和航天理论。

他首次明确提出液体火箭是实现星际航行的理想工具，首次较全面地研究了各种不同的液体推进剂，并提出液氢、液氧是最佳的火箭推进剂。

他首次提出火箭在真空中的运动关系；首次提出火箭质量比的概念，并阐述了质量比的重要性；首次画出了完整的宇宙飞船的设计草图；首次提出了液体火箭推进剂的泵输送方法；首次提出了火箭发动机燃烧室的再生冷却方法；首次提出利用陀螺仪实现宇宙飞船的方向控制。

他首次研究了失重对生物和人的影响，提出了减轻失重和超重不利影响的措施；首次开展了失重和超重对动物影响的实验；首次提出利用植物改善舱内环境和提供航天员食物的措施；首次研究了火箭在大气层中运行时的空气动力加热问题；首次提出太空站和太空生物圈的设想；首次提出利用太阳光光压推进宇宙飞船的设想；首次提出太空移民的思想；等。

这些伟大的理论，使齐奥尔科夫斯基成为世界上伟大的“航天之父”。

“十月革命”改变了齐奥尔科夫斯基的生活和研究条件，他的社会地位也有了很大提高。1919 年，他被选为社会主义科学院的会员，1921 年，苏维埃联邦社会主义共和国人民委员会会议决定给予他个人特殊养老金。从那时起，他更加勤奋地专心于航天学的研究。“十月革命”前，齐奥尔科夫斯基共写出了约 130 篇论文，“十月革命”后却写出了 450 余篇。更为重要的是，在他的论文和著作的影响下，一批火箭和航天爱好者走上了航天探索的道路。他的成就也被欧美广泛承认，德国航天先驱奥伯特曾在致齐奥尔科夫斯基的信中说：“您已经点燃了火炬，我们绝不会让它熄灭。让我们尽最大的努力，以实现人类最伟大的梦想。”

但是，他仍然不满足于已经取得的巨大成就。他在 1931 年写道：“儿童时代以来，严重的耳聋使我完全不顾及日常的生活方式，也因此缺少‘交际’。这也许是我到了 68 岁仍然进展缓慢、没有取得真正成功的原因。沉思、计算和实验构成了我的全部生活。我的住房底层的车间始终陪伴着我。即使由于火灾和洪水将其摧毁，我也很快把它恢复起来……重大的问题还远未解决，我还有足够的能力或者健康允许我把这些思想变成现实吗?”

随着世界范围内火箭和太空飞行研究热潮的兴起，齐奥尔科夫斯基的名望在迅速增长。1932 年在他 75 周岁生日时，苏联的各大报纸和杂志都刊登了有关他的事迹和科学成就的长篇文章，斯大林也向他发去了生日贺电，一时间这位老人成了苏联杰出的人民英雄。他在新的时代里感到充满了希望。他在给斯大林的信中表达了他的兴奋之情:“我在航空、火箭和太空飞行方面的一切工作都是为了布尔什维克和苏维埃政府——人类文化发展的卓越领袖。我充分相信在他们的领导下，一定能够成功地完成这些伟大的事业。”

1935 年 9 月 19 日，齐奥尔科夫斯基逝世于卡卢加，享年 78 岁。他晚年获得了许多荣誉。在他逝世后，苏联政府给予了他更多的荣誉：1954 年，苏联科学院设立了齐奥尔科夫斯基金质奖章；政府为他建立了纪念像，并在卡卢加市建立了齐奥尔科夫斯基博物馆。他被誉为“俄罗斯航天之父”、世界上最伟大的航天先驱者。

齐奥尔科夫斯基墓墓碑

02 挑战地球引力

◇ ……………………

那是一个天高云淡、风和日丽的日子，在美国马萨诸塞州伍斯特城的一个新英格兰后裔家庭里，有一个小男孩正坐在他家屋后的一棵大树下阅读英国作家 H. G. 韦尔斯的科幻小说《星际大战：火星人入侵地球》。他平时非常喜欢阅读科幻小说，如凡尔纳的《从地球到月球》以及威尔斯的《星际战争》等。当这个小男孩抬起头望着天空时，他突发奇想，要是能够做个飞行器飞向火星，那该有多好！这个孩子幻想着有这么个小玩意儿可以从地上腾空而起，飞向蓝天。在这个信念的鼓舞下，这个孩子定下了自己人生的奋斗目标。这个小男孩就是后来成为美国著名物理学家和火箭专家的罗伯特·戈达德。

罗伯特·戈达德于 1882 年出生在美国马萨诸塞州伍斯特，是美国最早的火箭发动机发明家，也是美国版的“现代火箭技术之父”。虽然，罗伯特·戈达德很少谈起他在树下看书的那一天，但他永远牢记这一天。就在这一天，他想发明一种飞行器，这种飞行器可以比什么都飞得更高、更远。他对航天充满激情。所谓激情，就是为某件事情献身的热忱。有位德国经济学家曾经指出，在知识经济时代，一个人的能力等于他所掌握的知识乘以激情。其实何止只在知识经济时代，在人类历史上，大凡卓越人物，都是充满激情的人。

俄国人齐奥尔科夫斯基在航天理论上取得了巨大的进展，但真正的突破却发生在美国。美国的科学家罗伯特·戈达德第一个制造出了齐奥尔科夫斯基所设想的液体燃料火箭。

戈达德在工作

1923 年 11 月，戈达德根据齐奥尔科夫斯基创建的火箭理论，制造出了世界上第一台液体火箭发动机，并进行了试验。发动机的重量仅有 5. 5 千克，里面装有一份汽油和一份液态氧。将这两种液体泵入燃烧室，它们就在那里混合并引燃。这台发动机工作良好，成功地燃烧了 27 秒钟。这次成功的试验使戈达德欣喜若狂，他决心把装有这种发动机的火箭送上太空。

要进行试验需要场地，戈达德找到了他的姑母，借用她在马萨诸塞州奥本的农场进行试验。1926 年 3 月 16 日，戈达德一切准备就绪：火箭就要点火，但能否成功，他也没有把握。这枚火箭长约 1. 2 米，直径仅有 15 厘米。此时，天寒地冻，地上积着雪，戈达德穿着厚厚的大衣和长筒靴，站在那枚他花费心血制造的火箭面前，让他的妻子为他照了一张相。当时令人遗憾的是没有记者出席，因为没有人对他的试验感兴趣。实际上，这是世界上第一枚液体火箭即将升空的时刻，这里发生的事情乃是 20 世纪最重要的新闻之一。

这是具有历史意义的一刻。

上了发射架的世界第一枚液体燃料火箭

戈达德点燃了火箭，火箭像一条火龙，急速地冲向天空，它在空中上升到 56 米的高度，速度达到了 96 千米/小时。虽然，这次试验的发动机只工作了 2.5 秒，飞行的距离仅 68 米，但这次试验的成功，具有划时代的意义。它是世界上第一枚使用液氧和煤油做推进剂的液体火箭。这枚火箭的试验成功，使戈达德当之无愧地成为现代火箭技术的先驱，后来人们把戈达德称为“现代火箭技术之父”。

这枚火箭也是现代火箭的真正鼻祖，这次试验与 1903 年莱特兄弟第一次试飞飞机具有同样的意义。这枚液体火箭比德国人早 5 年，比苏联人早 7 年。

戈达德在 1929 年 7 月发射了一枚更大的火箭，它比第一枚火箭飞得更高、更快，而且它还携带了一个气压表、一个温度计和一架拍摄飞行全过程的照相机，这是世界第一枚载有仪器的火箭。

1935 年，戈达德又发射了一枚液体火箭，其速度第一次超过了音速。此外，戈达德还获得火箭飞行器变轨装置和用多级火箭增大发射高度的专利。戈达德一共获得 214 项专利。他设计的小推力火箭发动机是现代登月小火箭的原型，曾成功地升空约两千米的高度。戈达德的试验证明了火箭可以克服地球引力，从而飞出大气层，飞向太空。

虽然戈达德的研究不被官方重视，但却引起世界著名飞行员查尔斯·林德伯格的注意，他帮助戈达德从格根海姆基金会筹到了 5 万美元经费，戈达德马上着手研制更大的火箭。在 20 世纪 30 年代，他在新墨西哥罗斯韦尔一家科研中心多次试飞火箭。

戈达德所有的科研工作都是在美国完成的，但他的成果闻名全世界。德国科学家利用他的设计思想打造了用于第二次世界大战的 V－2 火箭。

在第二次世界大战期间，戈达德帮助美国海军开发了一些火箭发动机和发射喷气式飞机的方法。他继续研制打坦克的火箭筒，这是他在第一次世界大战末就做过的科研项目。

1945 年，罗伯特·戈达德因患癌症不幸去世，享年 63 岁。他一生体弱多病，但很乐观。他在火箭研究方面取得了显著成就，得到了很多荣誉，他相信自己的人生是完整的。

对于他的工作，冯·布劳恩曾这样评价过："在火箭发展史上，戈达德博士是无所匹敌的，在液体火箭的设计、建造和发射上，他走在了每一个人的前面，而正是液体火箭铺平了探索空间的道路。当戈达德在完成他那些最伟大的工作的时候，我们这些火箭和空间事业上的后来者，才开始蹒跚学步。"

罗伯特·戈达德去世多年后，得到了一项特殊的荣誉。1959 年，美国在华盛顿特区附近的马里兰建造了戈达德太空飞行中心，这是美国第一个完全用于太空科学的大型科学实验室。戈达德太空飞行中心证明飞行器可以飞出地球大气，飞向太空。

03 奥伯特和他的助手

◇ ……………

赫尔曼·奥伯特是欧洲版的“火箭之父”。他是德国火箭专家，现代航天学奠基人之一。1894 年 6 月 25 日，赫尔曼·奥伯特出生于奥匈帝国的特兰西瓦亚（现罗马尼亚赫尔曼施塔特）。在他 12 岁的时候，就因凡尔纳的《从地球到月球》的影响而迷上了星际旅行。1913 年，他到慕尼黑学医学，在第一次世界大战中被征召入奥匈帝国军队当兵，虽然中断了医学学习，但他专注于宇宙航行的基础理论研究。他阅读了所有他能找到的关于火箭和宇宙航行的著作，其中包括齐奥尔科夫斯基的著作。

赫尔曼·奥伯特

奥伯特不仅勤奋好学，善于思考，而且虚心求教。在与齐奥尔科夫斯基的通信中，他实事求是地承认，齐奥尔科夫斯基等人在推导与航天有关的方程方面，走在自己前面。当从报纸上看到戈达德研究火箭的报道后，就热情地给他写信，并索要他的著作。

奥伯特在自传中谈到他少年时代的渴求时，作了一个形象的比拟:“骆驼能够在它们渴了的时候发现新的水源。也许某种可以类比的东西在我身上发生了……”这个类比，用于比拟奥伯特的一生也是恰当的。奥伯特有着像骆驼一样的务实精神。

1923 年 6 月，他发表了 92 页的经典著作《飞往星际空间的火箭》（1929 年经过修改和充实改名《通向航天之路》）。此书对早期火箭技术的发展和航天先驱者有较大影响。

从 1924 年至 1938 年，奥伯特在特兰西瓦亚的一所中学里教数学和物理，但他对火箭的兴趣没有丝毫减退。当时，有一部电影《月宫女郎》需要一枚火箭，为此导演找到奥伯特，希望他能制作一个。虽然这个计划最终没有完成，但它却激发起了一批天才人物的想象力。1927 年，一批热情的支持者成立了星际航行协会。1930 年，奥伯特与自己的三名助手开始在德国共同研究液体燃料火箭，他这三名助手可不简单，其中就有后来成为美国火箭掌门人的冯·布劳恩。他是奥伯特的得力助手，也是一位才华横溢的青年，他为研制 V－2 导弹立下了汗马功劳。冯·布劳恩原籍德国，1912 年出身于东普鲁士的一个高级官员家庭。父亲是一个负有盛名的农业和粮食专家。母亲会说六国语言，爱好音乐、文学和天文学。由于受父母影响，布劳恩从小就十分聪明好学，并对母亲常讲的宇宙世界有着浓厚的兴趣。13 岁时他阅读了奥伯特写的《飞往星际空间的火箭》，进一步增强了自己对宇宙飞行的向往。1928 年，布劳恩 16 岁，他根据自己的知识和想象，绘制了一艘宇宙飞船的草图，该图描述了许多技术上的细节，并对人类到太空探险作了大胆的设想。后来，冯·布劳恩考入柏林理工学院，认识了奥伯特教授并成为他的一名助手。

奥伯特于 1940 年加入德国国籍，1941 年到佩内明德研究中心参与 V－2 导弹的研制工作。虽然他没有直接参与发展后来的 A－4 火箭发动机，也就是著名的 V－2 导弹的前身，但 A－4 火箭却完全是以他的理论框架为基础的。第二次世界大战后，奥伯特留在德国，并回到他的家乡住了一段时间。之后，他在瑞士任火箭技术顾问，1950 年为意大利海军研制固体推进剂防空火箭，后返回德国纽伦堡从事教学工作。1951 年，他离开德国到美国与布劳恩合作，共同为美国空间规划努力。1955—1958 年他在美国任陆军红石兵工厂的顾问。这期间他写了两本书，一本是对十年内火箭发展的可能性做展望，另一本谈到了人类登月往返的可能性。

1958 年，奥伯特退休回德国，被选为联邦德国空间研究学会的名誉会长，但其大部分时间用来思考哲学问题，这也许是许多德国科学家的习惯。

奥伯特的主要贡献是理论上的，他建立了下列条件之间的理论关系：燃料消耗、燃气消耗速度、火箭速度、发射阶段重力作用、飞行延续时间和飞行距离等。这些关系是火箭设计时考虑的最基本的因素。

奥伯特于 1989 年 12 月去世，享年 95 岁。他看到了 1957 年标志着航天时代的正式开启的苏联的第一颗人造地球卫星上天，1961 年人类实现第一次航天飞行，1969 年人类第一次登上月球，1971 年人类建造第一个太空站，1982 年人类第一个可重复利用的航天器航天飞机飞往太空，还有数不胜数的太阳系深空探测器、太空望远镜……他见证了人类最宏伟的航天理想的实现。

三　苏联航天

——第一把金交椅

苏联在航天领域取得了非常伟大的成就，发射了世界第一颗人造地球卫星，把第一名航天员送上天，又让第一名女航天员飞上太空，进行了人类第一次的太空行走，第一名女航天员又进行了太空漫步，创造了在太空中生活时间最长的纪录，建造了第一个人造天宫——“和平号”空间站。苏联创造的六个第一外加“和平号”空间站，真成了辉煌成绩“非常六加一”。苏联还创造了许多的航天奇迹。但是，随着岁月的流逝、苏联的解体、俄罗斯经济的下滑，世界第一的这把金交椅也不断更替，被咄咄逼人的美国追赶，尤其是苏联航天的掌门人科罗廖夫去世后，这把金交椅已经岌岌可危。

01 震惊世界的第一颗人造卫星

◇

发射卫星，最早是由美国的兰德公司提出来的。兰德公司是美国著名的“思想库”，成立于1946年，历来被视为美国政府的“智囊”。虽然兰德公司多次提出建立侦察卫星的设想，但是美国政府当时没有意识到人造地球卫星的重要性，所以并不怎么热心支持，结果让苏联占了先机。

1957年，拥有人造卫星之父美誉的火箭专家科罗廖夫从新闻报道中知道美国人正在研究人造地球卫星，他仔细考虑了一下苏联的技术水平后，认为苏联也有能力把一个100千克的载荷送入地球轨道。于是，他和同事们拟制了一个在近期内发射一颗人造地球卫星的报告，并呈送给苏共中央。苏联领导人赫鲁晓夫接到报告，不禁喜出望外。赫鲁晓夫认为，发射卫星在政治上的影响，将远远超过在科学上的影响。如果能先于美国发射，苏联的国际威望将会空前提高。加上又是十月革命40周年大庆，意义更加非凡。于是，赫鲁晓夫很快批复了报告，给钱给物，全力支持科罗廖夫的试验。

科罗廖夫深知自己肩上担子的分量，他争分夺秒，竭尽全力，夜以继日地拼命工作。同年8月，发射卫星用的火箭已经进行了第一次试验，但此时能发送无线电信号的卫星却还没有着落，这才是让科罗廖夫着急的事。

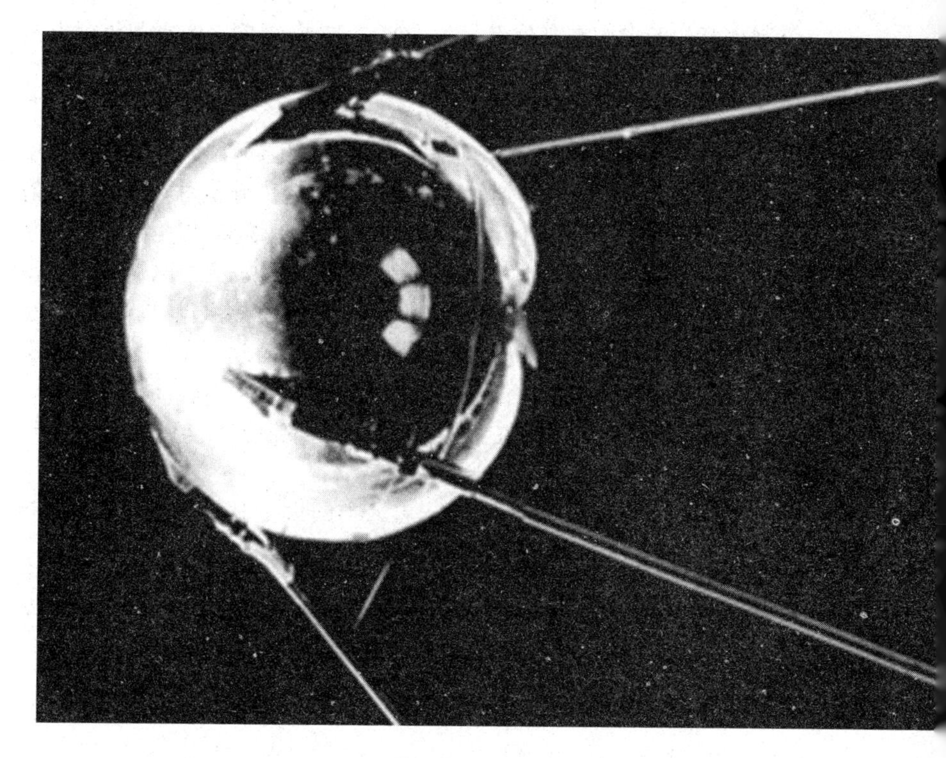

世界第一颗人造卫星

不过，苏联人的干劲实在令人佩服，进入9月份后，一个直径58厘米、由铝合金材料制造的圆球形卫星终于出现在科罗廖夫的面前。这就是后来无人不晓的“伴侣1号”卫星。它重83.6千克，周围均匀分布4根弹簧鞭状天线，其中一对天线长240厘米，另一对天线长290厘米。卫星内部没有什么特别的仪器，只装有两台功率为1000毫瓦的无线电发射机、化学电池、测量星内温度与压力的感应元件、磁强计和辐射计数器等。紧接着，发射卫星用的运载火箭也完成了最后的试验，这枚火箭是在洲际导弹的基础上稍加改进而成的，取名为“卫星”号。“卫星”这枚火箭很不一般，它是由两级火箭并联而成的，4台液体火箭发动机组成第一级，并联捆绑在第二级的四周；第二级采用了1台液体火箭发动机。整个运载火箭起飞重为267吨，高达29.2米，最大宽度为10.3米。为了控制火箭的航向，在其尾部另外安装了 12 台可摆动的小型游标发动机。至此，苏联发射卫星的准备工作，在不声不响中已经全部完成。令人震惊，尤其是令美国人震惊的时刻终于到来了。

1957 年 10 月 4 日，在苏联哈萨克共和国拜科努尔宇宙飞行中心发射场，苏联人成功地发射了第一颗人造地球卫星。苏联人发射的这枚“伴侣 1 号”卫星，没有什么复杂的仪器，但是它的轨道平面与地球平面的夹角达 65 度，所以在地球自转的情况下这颗卫星能够居高临下，一览地球全貌，所到之处可看到全世界。无疑，在争夺战略制高点上，苏联比美国先行一步。因此，在有些美国人看来，这简直是耻辱，他们甚至主张把这一天定为国耻日。

“伴侣 1 号”在轨道上共运行 92 天，绕地球约 1400 圈后，于 1958 年 1 月 4 日坠入大气层烧毁。

“伴侣 1 号”的上天，标志着人类的太空时代已经到来，这颗能不断发出无线电信号的卫星轰动了全世界。

02 航天犬的传奇故事

◇ ....

苏联取得了辉煌的航天成绩，但是有一些英雄是不应该忘记的。这些英雄就是那些可爱的狗“航天员”。苏联在载人航天之前，曾有 32 只航天犬相继参加了相关试验，正是这些航天犬为人类的载人航天铺平了道路。他们还进行了 29 次载犬火箭发射试验，10 只航天犬为此献身。

苏联在试验中选择的都是杂种狗，这种狗生存能力强且性格温顺，所以研究人员选择它们作为试验对象。一共挑选了 32 只杂种狗，通过震动台、离心机和压力舱对其进行了一系列太空模拟试验。为了进行太空旅行，研究人员还为狗狗们设计了一个特殊密封舱，这个密封舱准备安放在火箭的箭头部位。

第一次发射时，取得了圆满成功，名叫“吉卜赛”和“德兹克”的两只狗进入了 110 千米高空，之后，载有它们的船舱自由落体至 7 千米的高度，降落至这个高度时，降落伞正常打开，两名“航天员”均安全着陆。在所有人中，苏联的航天掌门人科罗廖夫是最高兴的人。科罗廖夫抚摸着这两只功臣犬，用香肠表示对它们的犒赏，把它们放入汽车，将其送到回原来居住的饲养地。不幸的是，第二次发射失败，降落伞没有打开，载有两只航天犬的船舱重重撞击到地面。

准备发射升空的苏联航天犬

后来，科罗廖夫制定了一项新的飞行任务：着手为两只航天犬进行 30 天太空旅行的准备工作。这项任务困难重重：需要制造一个新的密封舱；创建一个空气再生系统；发明一种供动物在太空食用的混合食物以及一种定期为这两个四腿“航天员”喂食的自动装置。

在进行长时间飞行的情况下，研究人员喜欢选择雌性动物。因为它们更方便使用太空厕所。他们在航天服的后面安装了一根管子，动物体内排出的所有废物都可以通过这个管子被自动吸至一个袋子中。为了给动物喂食，他们发明了一种特殊传送带。每天都会有一个新的箱子通过这个带子传送到狗所居住的大盘子上，箱子中装满了面团混合物，这些混合物既可以作为食物，又可以补充水分。

狗狗“航天员”的趣事很多。有一次，航天犬“斯特列卡”在发射前突然逃跑，使得工作人员措手不及。那是发生在 1960 年 8 月 19 日的前一天的事。当时准备发射第二个卫星式飞船，飞船载有名叫“贝卡”和“斯特列卡”的两只航天犬。这两只小狗都经过了长期训练，在上飞船前，照例要由人带它们到外面遛一遛。就在遛狗的时候，发生了一件意想不到的事。当试验员一松开链条，“斯特列卡”便纵身一跃，像脱缰的野马飞奔出去，似乎它已经意识到等待它的将是一次非同寻常的太空之旅，于是拼命向西伯利亚一带没有树木的大草原跑去，不管人们怎样呼喊，它也没有回来。

眼看火箭发射的时间到了，少了一只试验对象怎么办呢？工作人员想将这件事报告给科罗廖夫，但“放跑”“斯特列卡”的试验员建议可以将一只在军队餐厅游荡的当地狗作为逃跑的“斯特列卡”的替补。于是，塞雅宾医生便在当地狗中挑选了一只体形适宜的杂种狗，给它洗净了身子，将需要安放传感器部位的狗毛剪去，并且给它穿上太空服。

发射进行得非常顺利，这两只动物均活着安然无恙地返回了地球。细心的科罗廖夫在飞船前立刻注意到了机组成员中的那只替补狗，他震惊地问道:“你们从哪儿搞到这只狗的？它叫什么名字？”塞雅宾只好如实告诉他，它的名字叫“兹布”，并向他解释了发射前的那个傍晚所发生的事情。事后，出现了令人惊奇的事，就是那只经过严格训练的航天犬“贝卡”惊魂未定，走三步晃三下。可是，假“斯特列卡”却若无其事满不在乎，一下飞船，便雄赳赳地向草原深处跑去，消逝在远方。后来，试验员走了过来，告诉大家，那只狡猾的“斯特列卡”已经回来了，现在正在它的窝里睡大觉呢。大家都乐了起来，这多多少少给训练人员一点启示：野狗心理素质更加出色。

还有一只有名的航天犬叫“莱卡”，它可以说是一只英雄的航天犬。工作人员原来为飞行准备了5只航天犬，在发射前将这5只航天犬都带到了拜科努尔（俄罗斯的太空发射中心）。“莱卡”很活跃，它蹦蹦跳跳，围着工作人员撒欢。一位将军很喜欢“莱卡”，他建议让“莱卡”担任实验任务。其他领导也同意将“莱卡”纳入选择之列。

但是工作人员心里很难受，因为他们知道，这只航天犬一旦上天，将再也不能返回地球，因为飞船中没有降落设备。工作人员估计“莱卡”在飞船上只能存活一周，所以为它准备的食物和氧气补给也精确到只能维持这样长的时间。为确保在空气耗尽后它不会遭受痛苦，设计者发明了一种特殊针头，地球上的小组通过对其遥控可以给它进行一次致命注射，让它安乐死，平静地去天国。

起初，由于技术故障，载有航天犬“莱卡”的火箭在发射台上停留了将近3天时间。当时已是11月，外面异常寒冷，为防止狗狗受冻，科罗廖夫命令使用热空气对船舱从外部进行加热。“莱卡”被冻得几乎失去了知觉，但它还要忍受太空极热的考验。一旦进入轨道，由于太阳光的照射，飞船将迅速升温，船舱的温度会达到40℃，这是狗的身体所无法承受的。最终，载有航天犬的飞船一去不复返。航天犬“莱卡”为了人类的航天事业做出了牺牲。

进行完这些试验后，科罗廖夫在国家委员会的一次会议上宣布：“现在载人发射工作已经准备就绪。”为了这一刻，狗狗们功不可没。

苏联在航天试验中所进行的动物试验，引起了各国的动物保护协会的反对。当时，法国的动物保护协会还举着小旗上街游行，反对用小动物做这类试验，要保护它们的生命权利。

03 遨游太空第一人

◇

尤里·加加林

1961年4月12日拂晓，荒凉的哈萨克大草原依然凉气袭人。在拜科努尔发射场周围，一片宁静。拜科努尔发射场上竖立着一枚巨大的白色火箭，在蓝天的映衬下显得特别醒目，它就是SS－6洲际弹道导弹。不过其顶端装的不是核弹头，而是“东方1号”载人飞船，它于11日夜晚刚刚安装就绪。在不远的地方停着装有火箭燃料的列车，沙丘旁红色消防车正在待命。所有在场的人都非常激动，因为全世界第一位飞往宇宙的使者——尤里·加加林少校即将从这里升空。

此时，加加林的心情又是怎样的呢？前一天在发射场他与总设计师科罗廖夫一起登上发射台的平台，科罗廖夫伫立在发射场上，凝目天空，遥望草原，转视加加林，微笑着对他说：“从太空看我们的地球一定非常美。有福气的人啊！您将是第一个在空中那么高的地方看到地球的人。”然后话题一转：“无论是航天发射还是飞行都不是轻而易举的。你既要经受超负载，又要经受失重和我们可能预料不到的种种情况，不过要记住一点，我们智慧的全部力量将毫不迟疑地献给你。”

加加林听后心潮澎湃，他郑重地表示，无论如何也要完成这项光荣而艰巨的历史使命。

4 月 12 日清晨，加加林在梦中被医生叫醒。他迅速吃完了早餐，穿上航天服前往发射台。加加林乘坐的汽车一直开到矗立着的火箭脚下，身穿橙黄色臃肿航天服、头戴乳白色头盔的加加林从前门下了汽车。加加林走向现场领导小组，举手敬礼并报告：“国家委员会主席同志，飞行员加加林准备乘坐世界上第一艘载人飞船飞行。”接着，他们热情拥抱。然后，加加林对着话筒，向报界和电台发表了简短的历史性讲话：“再过几分钟，巨大的宇宙飞船将把我带入遥远的宇宙空间……现在对我来说，这是我一生中最美妙的时刻，人类实现世世代代所向往的畅游太空的美好梦想将由我第一个来实现。我今天的行动不仅仅是我个人的光荣，而是伟大的苏联人民的光荣，是全人类的光荣……再见了战友们，请为我的凯旋祈祷吧！”

加加林随后向为他送行的人们挥手致意，他缓缓地登上了发射塔最上边的平台，进入飞船坐舱，等待着对他来说生死难料的第一次太空旅行。

1961 年 4 月 12 日，加加林在宇宙飞船起飞前，向人们挥手告别

飞船舱内的电视摄像机打开了，荧光屏上出现了加加林的影像。他面带笑容，神采奕奕。开始 30 分钟准备！10 分钟准备！！2 分钟准备！！！所有人都屏息不动，似乎空气也凝住了。“预备——点火！”一声令下，莫斯科时间 9 时 07 分，火箭徐徐升起，与此同时，透过发动机的轰隆声，清晰地传来了加加林激动的道别声：“我去了！”

人类的航天时代开始了！“东方 1 号”宇宙飞船载着加加林进入人造地球卫星轨道，以 27200 千米/小时的速度飞驰，越过苏联、印度、澳大利亚和太平洋上空，环绕地球运行。

航天员加加林这时躺在飞船的弹射座椅上，他正从报话机里描述人类从未见到过的情景：“我看见了地球，感觉良好。”他接着说：“我能够清楚地分辨出大陆、岛屿、河流、水库和大地的轮廓。我第一次亲眼见到了地球表面的形态。地平线呈现出一片异常美的景色，淡蓝色的晕圈环抱着地球，与黑色的天空交融在一起。天空中，群星灿烂，轮廓分明。”转眼间，“东方 1 号”宇宙飞船进入了近地点 180 千米、远地点 222 ~ 327 千米、倾角约 65 度的预定轨道，发动机关闭。加加林感到自己失重了。于是他按照地面指令，在笔记本上描述失重飘浮的感觉。

加加林在飞行中虽然有种种不适，但总体上还算顺利。加加林在离地约 330 千米的高空飞行了 108 分钟，绕地球一圈后，开始返回地面。这是前无古人的尝试，但能否返回地面还是个未知数，加加林可谓世界上胆量最大的人。

果然，他在返回地面时遇到了麻烦。原定的返回程序是：制动火箭点火，座舱与设备舱分离。在座舱降到离地面 7000 米时，加加林将连同座椅一起被弹出舱外，张开降落伞。在 4000 米高度时，加加林与座椅分离并用降落伞返回地面。但是当加加林返回时，座舱与设备舱却不能及时分离，座舱疯狂地旋转。分离过程原计划只需用时 10 秒，但实际上花了 10 分钟，万幸的是，座舱最终还是与设备舱分离了。上午 10 时 55 分，在飞行了 108 分钟后，加加林在苏联萨拉托夫附近安全着陆。加加林的降落地点是距拜科努尔航天发射场约 1600 千米的萨拉托夫州恩格斯镇西南 26 千米的斯梅洛伐卡村的田野上，最早发现加加林的是一名农妇和她的孙女。她俩亲眼看见一个穿着亮橙色奇异服装、戴着白色钢盔的“外星人”从天而降，惊讶得目瞪口呆。

与此同时，苏联莫斯科广播电台向全世界宣布:“尤里·加加林少校驾驶的飞船在离地球169千米和314千米之间的高度上绕地球运行。飞船的轨道与赤道的夹角是64.95度。飞船飞经世界上大多数有人居住的地区上空。”

在加加林返回时，科罗廖夫打电话给赫鲁晓夫说:“降落伞已打开，正在着陆，飞船正常。”赫鲁晓夫则问:“人活着吗?在发信号吗?活着?”这些都表明首次载人航天多不容易，尤其是弹射跳伞对加加林是一次生与死、意志与勇敢精神的考验。这是人类第一次绕地球飞行，具有划时代的意义，同时也需要极大的勇气。

加加林成功完成人类首飞太空任务之前，这位太空英雄的工作对于他的家人来说是非常神秘的，由于当时政府不准许加加林向家人讲述他的工作内容，因此包括他母亲在内的所有亲属只知道他在从事与最先进飞机有关的工作，因为加加林在成为航天员前是空军飞行员。

1961年4月12日，“东方1号”宇宙飞船顺利返回地面后，苏联所有电台的播音员几乎在同一时刻激动地喊出加加林的名字。当时加加林母亲安娜的邻居恰巧在听广播，她听到这则几乎不敢相信的新闻后立即冲到安娜的家里，但由于过于激动，这位邻居的嘴里只喊出:“尤里！尤里!”并示意加加林母亲听广播。但安娜看到邻居的表现后却当场昏倒在地。家人和邻居立即将安娜送到医院抢救，安娜苏醒并知道尤里的壮举后才松了口气对周围人说，她当时看到邻居那样激动地喊加加林的名字，她脑子里只想到儿子驾驶的飞机可能失事了，因为她只知道儿子是飞行员，却怎么也没想到他会上太空。

苏联在成功进行载人航天飞行前，实际上已经多次进行了无人驾驶飞船的试验。

1960年5月15日，苏联进行了首次无人驾驶“卫星式飞船1号”的发射试验，考核了飞船密封性和控制系统、生命保障系统、通信系统的工作情况。在返回时，由于飞船摆错了姿态，制动火箭鬼使神差地将飞船推向了更远的深空，直到两年后，加加林都飞向太空了，它才返回地球。由此可见，载人太空飞行之前，进行试验是十分必要的。

同年 7 月 23 日再次发射时又因火箭故障遭到失败。8 月 19 日的第三次发射获得成功，“东方号”飞船载着两只狗和 50 只老鼠首次成功落地。不过专家发现，在飞船绕地球第四周时，一只狗严重呕吐。因此他们决定第一次载人航天飞行只绕地球一圈就返回。同年 12 月 1 日，“东方号”飞船载着两只狗和一些植物上天后，因制动系统故障，返回时失败。小狗不明所以地为人类太空探索而牺牲。12 月 21 日的另一次发射也由于火箭故障再次夭折。直到 1961 年 3 月 9 日和 21 日连续发射了“卫星 4 号”两艘载狗和模拟人的“东方号”飞船，并且发射和返回双双成功后，苏共中央才于 4 月 3 日做出决定进行首次载人飞行。

1961 年 3 月 23 日，在莫斯科郊外的航天员训练中心，准备上天的首批航天员邦达连科、加加林、季托夫三人正在进行一系列模拟训练。邦达连科在高压氧舱里训练后，用酒精棉球擦拭完全身，竟然随手将棉球扔向了一旁。这随手的一扔，导致的错误不可挽回。酒精棉恰巧落在炽热的电热器上，火苗一下子就蹿了上来，烧到邦达连科的身上，并引起了大火。邦达连科被 100% 严重烧伤，当时他还能说话：“太疼了……请帮我……止疼……”8 小时后，24 岁的邦达连科悲惨死亡，成为世界上第一个死于事故的未上天的航天员。

虽然遭遇挫折，但没有什么能够阻止苏联人的太空决心。邦达连科死后两天，苏联又进行了一次“卫星式飞船 5 号”的发射试验，并获得了成功。至此，苏联先后共进行了 9 次无人飞船试验，失败 4 次，成功 5 次。

在加加林上天前，苏联还用各种生物火箭进行了 31 次动物飞行（高度 110～450 千米），用卫星进行了 7 次带有动物及生物培养试验的太空飞行。

由此可见，人类为打开通天之门，曾付出了多么巨大的代价。

空军飞行员加加林

加加林1934年3月9日出生在一个叫克鲁申诺里的小村庄。在战争年代，他非常羡慕保卫祖国的空军飞行员。成年后他当了工人，加入了萨拉托夫航空俱乐部。当加加林第一次驾机飞向蓝天时，感到一切都气象万千。从此，他坚定了献身于蓝天的生活目标，辞掉了工作，来到奥伦堡空军学校学习。

负责挑选航天员的卡尔波夫回忆道，当时科罗廖夫提出的航天员标准是年龄不过30岁，身高不超过1.75米，体重72千克以下，勤劳、求知欲强，有志愿献身航天事业的精神。为此，卡尔波夫从全国3000名志愿者中筛选出20名作为培训对象，最后又从这20人中选出6人，组成突击小组，他们符合科罗廖夫的最高要求，加加林就是其中的一员。卡尔波夫对他们说："你们中间任何一个均可能成为世界上第一个航天员。"那么，加加林又是怎样被最终选中的呢？

尤里·加加林能够成为苏联的第一位航天员是幸运的，除了硬件条件，如第一位航天员必须是苏共党员、歼击机驾驶员、身体和心理各项指标合乎标准等之外，带给加加林幸运的却是一个并不令人羡慕的因素。

我们知道，身材矮小是男子汉的遗憾。法国的拿破仑身高168厘米，这曾经让他一生怨天尤人，以至于想把高出他的将军统统除掉。

在俄罗斯，身高170厘米以下的男子也很自卑，就连名人也如此。比如，"俄罗斯诗歌的太阳"普希金虽然才华横溢，蜚声世界，但他那171厘米的身高成为女性对他不感兴趣的一个原因。同样身高的俄罗斯作曲家柴可夫斯基也常因为身高苦恼。

然而，被人仰慕的苏联英雄尤里·加加林的身高仅有159厘米（中国的雷锋同志身高155厘米），这绝对属五短身材，但这个身高恰恰是航天飞行的一个最优越条件，它让尤里·加加林"脱颖而出”，成为人类第一名遨游太空的航天员。众所周知，航天飞船的船舱通常很小，身材稍高的人根本进不去，更不用说进行太空操作。因此，入选“东方1号”宇宙飞船的航天员身高不能超出170厘米（体重在70~72千克之间，年龄在25~30岁），加加林的父母给了他一个“得天独厚”的优势。

但是，在苏联的20名首批航天员（从全国3000名35岁以下的飞行员中选拔的）中，像尤里·加加林这样身材的还有几个，如季托夫、波波维奇（乌克兰人）、尼古拉耶夫（楚瓦什人），甚至包括现在健在的列昂诺夫等人，那为什么选中尤里·加加林，而不是其他人？据说，以赫鲁晓夫为首的苏共领导人对航天员中间谁第一个乘飞船上天还有过一些拿不到桌面上的要求：（1）这个航天员必须是俄罗斯人；（2）这个航天员的姓名念起来要响亮，让人们念起来好听。这样一来，在最后入选的在两个俄罗斯人加加林和季托夫之间，由于加加林的名字读起来比季托夫响亮，另外加加林外表清秀，微笑也很迷人，这同苏联领导人特别强调候选人要能代表国家形象很吻合。于是，加加林成为首选，季托夫成为第一替补。

加加林在最后的培训阶段一直认为自己和季托夫机会均等。他在1961年4月12日完成航天飞行任务后的一次工作汇报中说，飞行准备期间，他认为自己和季托夫的表现一样出色。他虽然很想成为第一位航天员，但没有十足的把握确信自己将被选中，因为载人航天工程总指挥部一点儿也没有透露有关人选的信息，直到1961年4月11日晚，飞行任务总指挥尼古拉·卡马宁亲口告诉他，明天清晨他将被送入“东方1号”宇宙飞船，他才相信自己可能会创造历史。其实，还有一个重要原因为加加林加了分。在确定人选前一个星期，航天飞船的总设计师科罗廖夫发现，在进入飞船前，只有加加林一个人脱下鞋子，只穿袜子进入座舱。就是这个细小的举动一下子赢得了科罗廖夫的好感，他感到这个27岁的青年既懂规矩，又如此珍爱他为之倾注心血的飞船，于是决定让加加林执行人类首次太空飞行的神圣使命。加加林一个不经意的细节，使他成为遨游太空的第一人。

加加林在宇宙飞船临起飞前说的一句话是：“Ну，поехали！”

他最爱唱的歌是《我爱你，生活!》，他对妻子临出发前说的话是：“瓦连卡，如果我牺牲了，别难过，我对不起你!”

我明天要远行

当加加林返回地球后，他受到成千上万的群众夹道欢呼，莫斯科派专机前来迎接，7 架战斗机护航，大红地毯从专机舷梯下一直铺到为欢迎他而临时修建的主席台前，国家的所有领导人都来到机场。科罗廖夫是飞船的总设计师，他与加加林长时间拥抱，热泪盈眶。在 17 辆摩托车护送下，加加林乘敞篷汽车进入莫斯科，整座城市鲜花如云，礼炮轰鸣，数十万人欢迎这位航天员凯旋。

加加林被授予“苏联英雄”称号。后来还荣获“列宁勋章”，并出访了 27 个国家，有 22 个城市授予他“荣誉市民”称号。世界各大电台、报纸竞相报道这位一夜升空的超级明星。他与火箭之父科罗廖夫并肩坐在一起，与苏共中央总书记赫鲁晓夫握手、交谈，与政要、名人拥抱举杯，大小勋章挂满胸前，军衔从上尉升至少校，接着成了茹科夫斯基军事学院学员，然后又进了高等军事学院研究生院学习。连他的微笑也有了传奇色彩，向后梳的发型也成了迷人的时尚。他走到哪里都有人硬要与他交朋友，无论到哪里都有盛宴款待。以前，他认为赫鲁晓夫简直是神，到这时候，他发现是神的还有他，尤里·加加林！

加加林凯旋归来

加加林首航太空成功的消息，使克里姆林宫的领导者和苏联火箭专家科罗廖夫欣喜若狂，他们又一次赢得了胜利的桂冠。同样是这个消息，却深深地刺痛了大洋彼岸五角大楼的先生们，他们再一次饱尝了失败的苦果。

在工作上，加加林几乎从来没有忘记过任何事情。1968 年 3 月 27 日，加加林如往常一样，提早赶到空军基地试飞。但在机场大门处，加加林突然发现自己第一次忘记带机场通行证。与保卫人员解释后，加加林被保卫人员准许进入了机场。加加林与苏联功勋飞行员兼设计师弗拉基米尔·谢廖金乘坐一架双座位“米格－15”歼击教练机于 10 时 19 分升空。10 时 30 分，加加林向飞行指挥报告，请求取320度航向返回，此后，无线电通信突然中断。人类第一个航天员不幸和他的飞机坠毁于弗拉基米尔州的田野。加加林不幸逝世，年仅34岁。机场的保卫人员遗憾地回忆说，加加林在这个机场工作了多年，保卫记录显示，他从来没有忘记过带机场通行证，也许那天，加加林潜意识里预感到自己今后将不再需要机场通行证了。加加林死后，其骨灰被安葬在克里姆林宫墙壁龛里，与斯大林长眠在一起。他的故乡格扎茨克被命名为加加林城，他训练所在的航天员训练中心也以他的名字命名。为纪念加加林首次进入太空的壮举，俄罗斯把每年的4月12日定为航天节，在这一天举行隆重的纪念活动，缅怀这位英雄人物。国际航空联合会设立了加加林金质奖章。小行星1772以他的名字命名。月球背面的一座环形山也是以他的名字命名的。加加林成为宇宙时代的象征。

加加林留下妻子和两个年幼的女儿。虽然加加林已从航天员队伍中消失，但加加林的名字和他的开拓精神将永存，并为一代人所敬仰，成为鼓舞人们进行太空探险的一面旗帜。

加加林在执行航天任务前曾经给妻子瓦莲京娜写了一段类似“遗言”的留言。他把留言交给友人，嘱咐说只有任务失败才可以把留言交给瓦莲京娜。加加林在留言中说，要教育好两个女儿，“不要把她们教育成公主，而要教育成真正的人”。加加林告诉妻子，“你可以自己选择是否改嫁”。

加加林在留言末尾写道：“我的信就像是遗言一样，但我不认为这将是遗言。我希望你永远收不到这封信，我今后会为这一刻的胆怯感到害羞。”不管怎样，加加林1961年4月12日飞行前交给友人的那封“遗书”在封存近7年之后，最终交到了妻子瓦莲京娜手中。瓦莲京娜遵照遗嘱将两个女儿抚养成人，双双获得副博士学位；而她本人没有改嫁，一直低调地隐居生活，其间撰写了一本关于丈夫的回忆录。

至于加加林死亡的具体原因，苏联解体后，各种“原因”浮出水面，它们都很有想象力，也有可能性。主要有这么几种说法：说法一是飞鸟撞击，调查委员会成员在坠机坑里发现了一只死鸟，专家们推测，加加林的座机可能与鸟相撞后坠毁。说法二是技术故障，加加林所飞的那架米格－15机龄较大，它也没有黑匣子，飞机上有飞行记录仪，但它只能记录速度和高度，飞行记录仪当天未装纸。两部雷达本应对飞行进行跟踪，但测高雷达当天发生了故障。说法三是撞上气象气球，第二位进入太空的盖尔曼·蒂托夫认为，加加林的飞机撞上了一个气象气球。事实上，军方在那一地区发现了10个气象气球。说法四是人为失误，研究加加林遇难原因最受人尊重的研究人员比洛特科维斯基中将称，加加林驾驶的米格－15是因为陷入另一架飞机所造成的涡流而坠毁的。

还有一种人为造成故障的说法，是由俄罗斯政府最初成立的调查委员会委员之一、苏联已退役的飞机工程师伊戈尔·库兹涅佐夫提出的一种新的理论。他利用最新的计算机程序，设法解出了飞机最后时刻的飞行轨迹和精确飞行路线，完成了37年前的事件模拟。他相信自己找到了导致灾难的真正原因。库兹涅佐夫指出，飞行前准备工作中有人（某位机师）忘了关闭飞行员座舱的通风窗板，导致机舱压力降低，使得两人后来失去知觉。“因此可以判断，悲剧是人为因素造成的，一位进行飞行前准备的机师的工作失误。”重要的是，库滋涅佐夫没有排除谋杀的可能。这个暗示很可能再次引发新的猜测。会不会是美国的特工或者嫉妒加加林的人干的呢？

不久前，加加林之死又传出了另一个新的“失事原因”版本。该版本称，加加林的死亡应该归咎于机上另一名飞行员谢廖金糟糕的身体状况。报道称，谢廖金的心脏有问题，他很可能在飞机上突发心脏病，一下子失去了知觉，加加林措手不及之下无法控制飞机，于是米格－15歼击机向地面坠去。该报道称，加加林本来可以利用弹射装置挽救自己的生命，但他显然不愿意轻易地放弃飞机。

关于加加林的死因还有更离奇的说法是被外星人掠走，等等。

04 太空行走第一人

◇ ………………

列昂诺夫

在今天的俄罗斯，有一位受人爱戴的航天员，他就是第一位完成人类太空史上的壮举——进行太空行走的亚历克西·阿列克谢·列昂诺夫。列昂诺夫1934年5月30日出生于苏联克麦罗沃州利斯特维扬卡市，现在是退役的俄罗斯航天员，空军将军。当他乘坐的汽车穿过莫斯科的街道，两旁的警察会根据他的特殊车牌号认出他，并向他行礼致敬。列昂诺夫的车牌号是0011，代表他是苏联历史上第11位进入太空的航天员。

太空行走是人类征服太空的重要一步，为了建造和修理空间站，航天员们经常需要到太空去漫步，完成太空作业，进行各种试验和维修工作。例如，修复载人航天器或其他航天器上的受损部件。美国人曾通过太空行走修复了“天空实验室”“太阳峰年卫星”和“哈勃”空间望远镜等。

苏联航天员则通过太空行走修复过“礼炮号”空间站，组装和维修“和平”号空间站。当前正在建造的国际空间站，更是需要航天员进行多次出舱活动，才能在轨组装建成。登月活动更是体现了航天员在太空行走和太空作业的巨大作用，为人类进入外层空间和其他星球打下了良好的基础。

人类的第一次太空行走充满了艰辛和危险，因为太空中的意外难以预料，就像是第一个吃螃蟹的人，面对未知，需要更多的勇气。

1965 年，苏联航天员列昂诺夫迈出了人类太空行走第一步，所有人只记得那伟大的瞬间，却无从得知其背后生死交织的艰辛。

1965 年 3 月，拜克努尔航天发射场被厚厚的冰雪覆盖着。18 日清晨，“上升 2 号”飞船的乘员——航天员列昂诺夫和飞船指挥官别利亚耶夫已准备完毕，等待升空。行前，苏联载人航天计划总设计师科罗廖夫告诉列昂诺夫：“这是人类第一次太空行走，我们没有任何经验，也没有资料，一切全靠你自己掌握。一定要随机应变，千万别当冒失鬼。”

10 时整，“上升 2 号”顺利升空，不久便进入既定轨道，开始自由飞行。终于，此次飞行最关键的任务——进行太空行走的时间到了！

“上升 2 号”专门安装了一个气闸舱，它的上部有一个舱口，盖子可以自动或手动打开。航天员就从这里进入太空。气闸舱里除装有照明系统外，还有两部摄像机，用来拍摄航天员经气闸舱进入太空的全过程。飞船外部也装有摄像设备，以便对航天员在太空中的活动进行拍摄。

别利亚耶夫和列昂诺夫开始为太空行走做准备。在别利亚耶夫的帮助下，列昂诺夫将一个生命保障系统背包套在自己的压力服外边，开始吸纯氧，吸了一个多小时后便出舱了。为什么要吸氧呢？因为在舱内，航天员呼吸的是氧氮混合气体，在到没有压力的太空时，人血液中的氮可能会形成致命的气泡，使人患减压病。因此，列昂诺夫出舱前必须清除他血液中的氮。这就是吸氧除氮。列昂诺夫的生命保障系统背包用于调节航天员的体温。为保持与飞船的联络及安全，列昂诺夫身上系着一根与飞船相连的绳链，绳链长 15.35 米，内有一根电话线，很像婴儿的脐带。

11 时 32 分 54 秒，气闸舱舱盖打开了。列昂诺夫随后“飞”了出来，由一根 15.35 米长的特制安全带拴着，踏出了人类走进太空的第一步。

列昂诺夫首次太空行走

列昂诺夫当年上了《时代》封面。

事后，列昂诺夫回忆说，你不知道自己面对的将是什么，心情非常紧张。说是出舱行走，但当时不是抬腿走出去的。我轻轻地推了一下舱盖，整个身体呼地一下就弹出去了，完全不由自主，就像一个水瓶上的软木塞一样冲出了舱口。

出舱后的列昂诺夫，就像是母体里的婴儿，开始“自由飘荡”；他身上的安全带，像脐带一样为他提供氧气并保护他的安全。飞船内，别利亚耶夫紧张地盯着电视监控器，并利用遥测设备观察着同伴在太空中的一举一动。“我感觉很好！看到了地球上空的云、黑海的海岸、高加索的山脊、森林和高山……”飘在太空中的列昂诺夫，一边按计划做着定位试验，一边陶醉于无与伦比的感受和壮观的景色中。他发现，地球看上去是平的，只有边缘处才带有彩虹般的颜色。列昂诺夫与“上升2号”飞船以每小时28000千米的速度绕地球运行，恰是一步巡天两万里。

面对茫茫太空，四周无依无靠、无声无息，列昂诺夫还是感到极不适应，费了很大的劲也不能抓住相机的操作装置进行太空拍照。

后来曾经有记者报道说，列昂诺夫走出舱外后，做了一些操作项目，还翻了几个跟斗。其实，这完全是记者自己的想象和发挥。

真正的情况是，那时飞船在旋转，列昂诺夫的身体也在旋转，没有什么东西能够让他抓住。所谓翻跟头，其实是自己无法控制的。幸好，连接飞船和身体的安全带救了他，绳子把他缠绕了起来，裹近舱口，才停止了旋转。

10 分钟后，他接到返舱指令，但是意外情况突然发生。一开始，列昂诺夫每次把相机放进气闸舱时，它都会被气闸室中的微小气压冲出来，飘出舱外。折腾了半天，他硬把相机推进通道，先把一只脚伸进气闸室，然后将相机的背带放在脚下踩住，这才将它放入。

在随后的几分钟内，无法预料的情况接踵而至。其实，进入太空 10 分钟后，列昂诺夫就发现自己身上的航天服像气球一样膨胀起来，使得他连做曲腿和弯臂这样简单的动作都极为困难，更无法按下照相机的快门。返回过程中，在进入外舱门时，他遇到了更大的麻烦。由于腿不能弯曲，无法进入舱内，生命之门成了鬼门关。

这是真正的危险。由于太空是真空的，列昂诺夫身上鼓胀的航天服如同气球一般。气闸舱门口的直径只有 120 厘米，而膨胀的航天服直径竟然达到了 190 厘米。列昂诺夫接着又拼命钻了几次，仍然无济于事。他情不自禁地失声喊道:“我回不去了！不行，我来不及了。我回不去了……” 这是非常可怕的一幕。地面指挥中心的人们听着无线电波传递下来的叫喊，万分焦急。此时，留在座舱里的别利亚耶夫眼看列昂诺夫处境危险，却只能是干着急，帮不上忙。

几番挣扎之后，列昂诺夫已经筋疲力尽。他气喘吁吁，呼吸的频率增加了一倍，体温上升超过了 38℃，心率达到每分钟 190 次。由于大汗淋漓，头盔的面罩蒙上了一层水汽，眼前一片模糊。一次次徒劳无益的尝试，使得他几乎完全丧失了生还的信心。

也正是在这危急时刻，航天员平时艰苦枯燥的反复训练奇迹般地发生了作用。列昂诺夫事后回忆说：我当时快要昏迷过去了，但突然有那么一瞬间，我一下子记起了以前失重训练时的那些情景。冥冥之中，就好像教练员在耳旁提醒我说：“嗨，小伙子，航天服的腰部设有四个按钮，每一个按钮都可以释放掉服内 1/4 的空气。” 当航天服压力过大时，这是唯一的减压办法。列昂诺夫开始给航天服泄压，他先让气压从正常的 40 千帕降到 35 千帕，不行，再降到

30 千帕，仍然不行，破釜沉舟降到 25 千帕，这个压力值已在允许的极限值以下。航天服终于瘪了下来，缩小了体积。列昂诺夫事后说，他自己都绝望了，也不知道最后是怎么挤进气闸舱的。

列昂诺夫终于头朝下进入气闸舱后，他又发现了另一个问题：怎样关上身后的舱门？气闸舱直径只有 1.2 米，而穿着航天服的列昂诺夫则有 1.9 米高。为了转身，列昂诺夫不得不将自己“折叠”起来，而在庞大的航天服里完成这个动作并非易事。等他转过身时，航天服里面几乎充满了列昂诺夫流的汗。一分半钟后，列昂诺夫将舱门成功关闭。

列昂诺夫在太空行走了 12 分 09 秒，但为了挤进舱门他又拼力花了 12 分钟。为此，他的体重减少了数千克，靴子里积聚了 6 升汗水。过去近 50 年了，列昂诺夫仍然经常回忆起当时的情景。有一次，一位俄罗斯记者问列昂诺夫：“据说当时有一个秘密规定，如果你无法回到飞船里面，指挥官别利亚耶夫可以独自返回地面。”列昂诺夫听后笑了笑说：“即便牺牲自己的生命，我的战友也不会让我孤独地留在太空。”

当时，别利亚耶夫和列昂诺夫开始准备向地球掉头返航，座舱内的氧气压力突然发生了异常，温度急剧升高。他们所有的操作都没有发生作用。两人再度陷入绝望。后来，他们突然听到一种类似爆炸的声音。他们的第一反应都以为飞船正在发生爆炸，但是飞船里并没有任何爆炸燃烧的迹象。再仔细一观察，舱内的氧气压力在慢慢下降，竟逐渐恢复了正常。

两个人稍稍松了口气，开始踏上归途。但是，新的危险又扑面而来——飞船自动导航定位系统也发生了故障。他们决定冒险采用手动方式着陆。最终手动操作也出现了失误，飞船呼啸而下，偏离预定落点 3200 千米，最后落到了大雪覆盖的原始森林深处。

舱外此时正下着暴风雪，四周不时传来狼嚎声。两位航天员十分艰难地爬出舱门，按照以往野外生存训练中的程序，架好天线，发出呼救信号。

因为他们偏离得太远了，指挥中心和他们失去了联系。3 月份的天气很冷，本应提供一个遮风避雪之处的飞船，人却不能进去，因为舱内的制冷空调一直在工作，他们费了半天劲也无法关上。

列昂诺夫更惨一些，由于多达6升的汗水全留在航天服内，着陆后，他只好冒着严寒，脱下航天服，光着身子把衣服拧干。

第二天，正满世界搜寻的回收人员终于从空中发现了他们。由于是在原始森林之中，搜救直升机无法降落，只好先给他们空投了一些食品，以及白兰地和防寒服。漫天呼啸的暴风把这些东西几乎全给吹散了，所幸他们还拣到了几根香肠。第三天，别利亚耶夫和列昂诺夫才走出森林，赶到了9千米外的临时停机坪。

当年，苏联进行太空行走的目的有两个：一是在载人航天活动中进行一次技术性的突破，二是使苏联在航天技术方面走在美国前边，在全世界产生重大影响。列昂诺夫没有辜负国家的希望，他离开了飞船，在离飞船5米处活动了12分钟，这12分钟，为苏联，也为全世界创造了历史。

虽然这次太空行走进行得险象环生，但最终取得了成功。这也使得苏联在该领域竞争中占得先机。同年6月5日，美国航天员怀特走出双子星座4号飞船的密封舱，在太空行走了20分钟，进行了目视观测、拆卸工作及其他实验，完成了美国太空行走秀。

当年，在飞船使用手动系统着陆、着陆偏离预定着陆区、与地面人员失去联系后，苏联航天总设计师科罗廖夫着急万分，悲泪纵横。幸运的是两名航天员神奇地活下来了。回到莫斯科时他们受到英雄般的欢迎。列昂诺夫两度被授予“苏联英雄”称号，一次是在1965年3月23日，一次在1975年。他还被授予列宁勋章、红星勋章以及多种奖章和外国勋章。

列昂诺夫还是一名很有造诣的画家，发表了一系列作品，有些是与好友安德烈·索果洛夫联手创作的。列昂诺夫还把画笔和画纸带到太空，在太空画地球，给航天员们画像，称得上是第一位进入太空的画家。

列昂诺夫展示自己的素描

列昂诺夫还遇到过一次危险的刺杀。那是进行历史性的太空行走两年之后，列昂诺夫乘坐一辆豪华轿车前往克里姆林宫参加政府组织的招待会。一名枪手走近轿车，向他开枪，两颗子弹擦破了他的外衣，第三颗子弹滑过他的脸。这名枪手为什么要对航天英雄下手呢？原来枪手把列昂诺夫误认成苏联领导人勃列日涅夫。

列昂诺夫是一位传奇人物。他不仅是人类历史上第一个进行太空行走的人，还于1975年参与苏联“联盟”号和美国“阿波罗”号飞船在太空的对接，并与美国航天员在太空中握手，这在人类历史上也是第一次。为表彰列昂诺夫对人类航天事业的贡献，月球背面的一座环形山就以他的名字命名。列昂诺夫还撰写了一本《月球两边：冷战期间太空竞赛的故事》的书，出版于2006年。

列昂诺夫近照

1969年，列昂诺夫被指派为苏联第一次登月计划的指挥官，但这一计划在美国航天员尼尔·阿姆斯特朗乘坐“阿波罗11号”率先踏上月球后搁浅。20世纪70年代末，列昂诺夫担任苏联航天员队伍的指挥官，80年代初成为尤里·加加林航天员训练中心主管。1991年退休。

05 世界上第一位女航天员：瓦莲京娜·捷列什科娃

◇ ……………

苏联不仅造就世界太空第一人加加林，也培养了第一位登天女英雄瓦莲京娜·捷列什科娃。1963 年 6 月 16 日，她乘“东方 6 号”飞船升空，3 天后返回地面，开创了妇女航天的先河，全球为之震惊。人们赞美她为妇女争光，称颂她表现出的坚强性格和大无畏精神。捷列什科娃为妇女征服太空树立了光辉的榜样。

瓦莲京娜·捷列什科娃

瓦莲京娜·捷列什科娃 1937 年 3 月 6 日出生在苏联雅罗斯拉夫尔州图塔联夫区马斯连尼科沃村。1955 年中学毕业后进入纺织厂工作。此后，她边工作边学习，还参加航空俱乐部的跳伞活动，跳伞活动使她身体健壮。她向往蓝天，希望能上天翱翔。1961 年，加加林首航太空归来，她同许多姑娘一样，非常羡慕这位太空“天王”，并与女友一起联名上书航天部门，要求培养女航天员登天。没想到这封信引起了重视，没两天她们便被邀请去莫斯科座谈。这些姑娘兴奋地阐述了自己的想法，并希望成为第一批女航天员。

1962 年年初，苏联挑选女航天员一事在严格保密的情况下紧锣密鼓地展开。当时主要是从各地航空爱好者俱乐部的女飞行员和女跳伞运动员当中挑选。先是从数百人当中选出 60 人参加体检。经过层层筛选，最后选中 5 人。

这 5 人中就有瓦莲京娜·捷列什科娃，捷列什科娃加入了首批女航天员队伍。当宣布名单时，她简直欣喜若狂。同时入选的还有来自斯维尔德洛夫斯克的塔季扬娜·莫洛兹切娃等四人。这些姑娘来到了莫斯科郊区的星城航天基地。大名鼎鼎的航天员加加林负责管理这些人。加加林温和、友好地对待每一个队员。一年紧张的学习和训练过去了，谁来执行首飞任务？这个问题不仅萦绕在每个女航天员的心头，而且也困扰着领导者。综合各种因素考虑，瓦莲京娜·捷列什科娃在这五人当中绝不是最强者，至多只能是第二，更要命的是她档案中有一项“历史不清楚”：她的父亲自 1939 年上了前线后至今下落不明，这在政治要求极为严格的当时，足以挡住姑娘的“飞天之路”。但她本人在五人中政治表现确实是最好的，最后委员会决定由她的航空俱乐部的队友塔季扬娜·莫洛兹切娃担任首飞，由她做替补。然而，在飞天前的一次体检中，意外却发生了：莫洛兹切娃竟然怀孕了！这确实让委员会全体人员非常吃惊，但他们将此事严格控制在小范围之内，最后决定由替补捷列什科娃完成人类首次飞天壮举。

穿着航天服的捷列什科娃

1963年6月16日，在拜科努尔发射场，负有历史使命的“东方6号”飞船整装待发。说它负有历史使命是因为这艘飞船将载着世界上第一名女航天员飞向九霄云外。

举世瞩目的时刻来到了。望着高高耸立着的“东方6号”飞船，瓦莲京娜·捷列什科娃从容地走进了飞船密封舱，开始了一次轰动一时的航天飞行。她稳坐在舱内，没有想自己的家，也没有想是否能返回地面，脑子里只装着未来24小时内承担的使命和责任——摄像和做多项科学实验。当捷列什科娃在太空看到无比壮观的地球时，她实在抑制不住内心的激动，她向地面空间站通报：“我是一只海鸥，我看到了地平线，这是一条美丽的蓝色的线条，这就是我们的地球，它是多么美丽呀！我在这里一切顺利。”并向太空发出问候：“你好，太空。”这次飞行是人类太空史上的一次巨大成功。

瓦莲京娜·捷列什科娃向地面指挥中心提出延长在太空逗留时间的请求，并得到批准。她绕地飞行了48圈，飞行70小时50分钟，航程200万千米。

在太空飞行的3天中，捷列什科娃几乎没一点睡意。她不愿漏掉任何一个细节，只想多看一些太空胜景，多做一些太空实验。“东方6号”飞船以2.8万千米的时速飞驰，每86分钟绕地球一圈。捷列什科娃说地球给她的印象实在太深了。它美丽壮观，呈现出不同的颜色和光泽，其动人的画面后来常常在捷列什科娃的梦中浮现。

很多人还记得，1963年穿着航天服安全着陆时的捷列什科娃的照片，她微笑着向人们挥手致意，全世界都为之欢呼……其实，那张照片是她第二天回到着陆地点补拍的英雄照，因为着陆当天，她不仅是以“倒栽葱”的姿势落地，而且以鼻子触地的方式晕了过去。她回忆说：当时我被一种无声的恐惧所包围，我的下面是一个湖，真担心自己会掉在里面。幸运的是，大风把降落地点吹得远离湖面。不过，意外还是发生了，由于头盔重重地撞了一下，鼻子上出现了一块淤青。医生们赶到后立即进行紧急处理——总不能让可爱的女航天员鼻青脸肿地出现在领导人面前！捷列什科娃在这次飞行中完成了生物医学和科技考察计划，并证明了妇女也能在太空正常生活和工作。她返回地面时，受到了成千上万人的欢迎，掌声、歌声、鲜花交织成了一片，祝贺她勇敢地完成了航天史上的一次壮举。

捷列什科娃飞天归来之后仅仅5个月，就和航天员尼古拉耶夫“闪电”结婚，而且婚礼隆重程度不亚于欧洲皇室婚礼，赫鲁晓夫总书记亲自到场。因此，人们一直习惯地认为，捷列什科娃的首次婚姻就是好大喜功的赫鲁晓夫为了建立世界上“第一个航天员家庭”而强迫撮合的政治婚姻，是最典型的“组织包办”，根本谈不上什么爱情。

但他们的女儿叶莲娜反驳了这种说法。她在俄罗斯电视台第一频道录制的《捷列什科娃的个人生活》纪录片中向人们介绍说，她父母起初还是十分恩爱的，并不是什么政治压力的结果，后来分手也是因为“性格不合”。至于赫鲁晓夫的“撮合”，更是谈不上。有一次，赫鲁晓夫会见航天员，加加林当面开玩笑地“撮合”捷列什科娃和尼古拉耶夫，因为男航天员中只有尼古拉耶夫是光棍，平时也是经常被人拿个人问题开玩笑。加加林问赫鲁晓夫:“我们是不是帮他们说合说合?”赫鲁晓夫显得很惊奇，当时就指出“这纯属个人问题”，言外之意是他根本对此事不感兴趣。

尼古拉耶夫在接受采访时也称“赫鲁晓夫起的作用为零”“他不但什么都没做，还净给我们的婚姻添乱”。本来他们两人决定在莫斯科卫戍区军官俱乐部举行婚礼，请来的都是亲朋好友，根本不去惊动“上层人物”，而赫鲁晓夫得到他们要结婚的消息，突然决定让他们改在政府宴会大厅，并亲自到场祝贺。从此，让他们的婚姻蒙上了政治的面纱。

安德里亚·尼古拉耶夫也是苏联著名的航天员，结婚之前曾飞过“东方3号”飞船，也被授予了“苏联英雄”称号。早在捷列什科娃执行太空飞行任务前，当时35岁的尼古拉耶夫就开始热烈追求小自己9岁的捷列什科娃，并且最终赢得芳心。不过，据苏联空军负责管理航天员的马宁将军曾在婚礼一周后的日记中写道:“对于政治和科学来说，他们的婚姻可能是有益的；但是我根本不相信瓦莲京娜真爱尼古拉耶夫。他们的性格完全不同——她热情如火，他心如止水；意志上又都是强者，彼此难以服从对方……”其实可以看出，两人最后分手更多的是由于性格上的原因。

捷列什科娃和尼古拉耶夫婚后还是过了一段相互恩爱的幸福生活的，一年之后他们生了个女儿。但几年之后，这对在外人看来十分幸福的“世界第一航天员夫妇”还是要分手。谁也劝不下他们，但也不敢批准解除这桩已经被赋予太多政治意味的婚姻，人们根本无法接受“世界上首位女航天员是离婚女人”的事实。事情最后闹到苏共中央总书记勃列日涅夫那里，不管是两人谁坚持要离的，反正是捷列什科娃最后鼓足勇气，亲自跑到勃列日涅夫的办公室要求他下命令，好让有关部门给他们办理离婚手续。

当丈夫尼古拉耶夫得知勃列日涅夫批准他们离婚之后，当天心脏病突发进了医院，一直躺了好几个月才好。与捷列什科娃离婚之后，尼古拉耶夫曾在 1970 年 6 月驾驶“联盟 9 号”飞船第二次重返太空，直到 1992 年他才以空军少将的身份退役，2004 年 7 月 3 日，因心脏病发作去世。

捷列什科娃在离婚后并没有再次实现自己的太空梦，20 世纪 80 年代初期，捷列什科娃认识了一个叫尤里·沙波什尼科夫的人。他是创伤和矫形研究所的所长，因为仰慕捷列什科娃，宁愿抛弃自己原本幸福的家庭，也要和她生活在一起。后来他们结婚了，生活得还算幸福。据人们讲，这位丈夫和前任丈夫一样，是个“行事低调、踏实肯干的人”。

1966 年，捷列什科娃当选为苏联最高苏维埃代表，从此开始投身于社会活动：1968 年起任苏联妇女委员会主席；1971 年当选为苏共中央委员；1974 年当选为苏联最高苏维埃主席团委员；1976 年，捷列什科娃被授予空军少将军衔。捷列什科娃曾获得列宁勋章、齐奥尔科夫斯基奖章和国际航天联合会授予的“宇宙”金质奖章。月球背面的一座环形山是以她的名字命名的。1988 年 10 月，捷列什科娃应邀到嫦娥的故土——中国访问，受到了热烈欢迎。她说她在飞临中国上空时，清晰地看见了中国的海岸线及高山、绿地和江河，从那时起，她就盼望有朝一日能踏上中国的土地。

06 首位太空行走的女性：萨维茨卡娅

◇……………

1948年8月4日，斯韦特兰娜·萨维茨卡娅出生于莫斯科。父亲是一位两次获得苏联英雄称号的空军元帅，母亲是一位教育工作者。父亲的飞行员生涯和母亲的良好教育，对萨维茨卡娅产生了深刻的影响，萨维茨卡娅继承了父亲的不少优点：反应迅速、吃苦耐劳、遵守规则、目标明确、积极、健康。萨维茨卡娅从小就想当一名飞行员，她17岁时已完成500次跳伞，并创三项世界跳伞纪录。经过努力，萨维茨卡娅如愿以偿地成为赫赫有名的雅科夫列夫飞机设计局的一名女试飞员，她努力学习飞机驾驶技术，不断创造歼击机飞行的高度和速度纪录。1970年，在英国举行的飞行特技世界锦标赛上，萨维茨卡娅获得冠军。到1980年，萨维茨卡娅已掌握20多种飞机的驾驶技术，创18项飞行纪录。当国家挑选女航天员时，雅科夫列夫飞机设计局推荐了她。

1982年8月19日，斯韦特兰娜·萨维茨卡娅和两名男航天员乘“联盟T-7”飞船上了太空，开始了第一次太空飞行，她成为世界上第二位女航天员。7天后，萨维茨卡娅与两名男航天员顺利返回地面。

1984年7月17日，萨维茨卡娅第二次飞向太空。此行的目的是到“礼炮7号”轨道站舱外进行试验性焊接工艺操作，首次实现女子太空行走。梳着一条小辫子的女航天员斯韦特兰娜·萨维茨卡娅步出飞船，进入了广袤的太空，当时，萨维茨卡娅站在轨道站外的一个特殊踏板上，将双脚固定后，手拿一个体积为400毫米×450毫米×500毫米的工具，开始切割一块固定在样品板上的金属样品，然后把两块金属板焊在一起。与此同时，指挥员扎尼别科夫用摄影机拍摄了这一切，并向地面传送……萨维茨卡娅和扎尼别科夫在太空作业3小时39分钟，她在这一过程中体重减轻3千克。7月29日，萨维茨卡娅安全返回地面。

航天员萨维茨卡娅

初次进入在外人眼中遥远而神秘的太空，萨维茨卡娅并未感到太空如外界描绘的那般冰冷、寂静，她眼中的太空生机勃勃。当时，她和扎尼别科夫一道去飞船外试验一种新的电子仪器，这在当年可绝对是惊人之举。这次试验有一定的风险，他们必须保质保量地完成，所以根本没有机会聆听想象中的宇宙之声。

斯韦特兰娜·萨维茨卡娅后来告诉记者，太空行走很危险，要防高温、低温，防X射线辐射，特别要防止焊接时熔化的金属液滴落到航天服上，否则航天服被烧出小洞，导致压力丧失，航天员就会丧命。萨维茨卡娅说：“一般来说，航天服从背后可以打开，人钻进去，然后再关上开关。我们苏联的航天服是可以自己穿的，打开和关上都可以自己操作，而美国的航天服是分体式的，有裤子，有上衣，在太空行走前，航天员必须先钻进裤子，然后再穿上衣。美式航天服不方便，我们的航天服穿着不费劲。”

她还说，“航天服里装有保暖设备，即使航天员没有工作，也能感到温暖，为了不让航天员过热，也有一种特殊装置，即在穿航天服前，先穿一件上衣，这实际上是冷却装置。你如果开始工作，冷却系统也会同时启动。在太空行走时，如果处于阳面，能见度好，便于作业。三个多小时过后，飞行器转到了阴面，即地球上的黑夜时，航天员就会感到寒冷。偶然也会发生航天服冷却系统出现故障的情况，不能降温，航天员会出汗。但这是极少见的现象。一般来说，航天服还是比较舒适的。”

谈到太空行走意义时，萨维茨卡娅说，对于航天员来说，太空行走是一项非常复杂的工作。对于一个国家来说，如果能实现太空行走，说明这个国家在航天领域达到了一定水平。她还说，宇宙飞船和空间站是一个非常复杂的系统，技术上越复杂，就越会出现部件报废的情况，这是不可避免的。任何国家在建造宇宙飞船和空间站时都是花费了巨资，都希望这些航天器能长期使用。如果不进行太空行走，对航天器进行维修和更换零部件，飞船和空间站就会缩短寿命，可能会提前坠毁。另外，登月飞行，实际上也是太空行走。现在航天业已不可能离开太空行走了。

后来，萨维茨卡娅与一位飞行员结了婚，并于 1986 年喜得贵子，当时，她已 38 岁。萨维茨卡娅的儿子也从她身上继承了一些航天员特有的气质，但儿子的未来会怎样，还需时间来证明。在儿子眼里，妈妈只是个普通的妈妈，没有因她是世界上头一个完成太空行走的女航天员而改变。萨维茨卡娅说，她曾在 20 世纪 90 年代访问过中国。她看到了长城，参观过当时中国的第一个经济特区——深圳。当时，中国的经济刚刚开始腾飞，这一切使她深深地喜爱上了中国。萨维茨卡娅曾对中国“神舟七号”飞船和航天员的太空行走表示良好的祝愿，她希望中国航天员取得成功，祝愿太空行走的航天员一切顺利，祝愿中国的航天事业兴旺发达。

太空飞行会对女性的生理产生影响吗？科学家最担心的问题是太空环境会不会影响女性的怀孕和分娩。第一个女太空人捷列什科娃回到地球 5 个月后，与一名男航天员结婚，第二年便有了一个健康的小女孩。1984 年，第一位进行太空行走的女性萨维茨卡娅返回地球一年半后也“喜得贵子”。实践证明，太空飞行对女性生理没有什么大的影响。

07 太空生活时间最长的人

◇ ……………………

苏联工程师克里卡廖夫，按计划在“和平号”空间站上考察3个月后，应该于1991年8月30日返回地面。

计划没有什么失误之处，但随后发生的惊动世界的事变打乱了计划。1991年8月19日，苏联发生了胁迫戈尔巴乔夫下台的政治事变。国内政治形势顿时陷入混乱之中，经济也陷入困境。

在这种形势下，苏联航天部门地面飞行控制中心决定减少一次载人发射，以节省越来越困难的航天经费。据苏联官方公布的数字：一艘载人“联盟TM”型飞船造价为1000万卢布，一次发射费用为700万卢布。取消原定于8月的这次往返轨道站接送航天员的飞船发射，至少可以节省1700万卢布的花费。

谢尔盖·克里卡廖夫

由于这项措施，克里卡廖夫没有人前去接替，要延期到10月份才能返回地球。

增加航天员在太空中的停留时间会危及健康。如果长期在太空飞行，会使人的肌肉变得无力、骨质疏松。此外，人在太空受到的辐射是地面辐射量的6倍，危害健康是无疑的。“和平号”轨道站在距地面约350千米的轨道上以每昼夜绕地球16圈的速度不断运行，克里卡廖夫成为苏联动荡局势的旁观者。

到10月份，苏联形势更加危急，已经到了解体的边缘，各加盟共和国开始迫不及待地争夺财产和地盘。哈萨克斯坦共和国提出丘拉坦航天基地归其所有，并提出在太空应有哈萨克斯坦的航天员。因此，在10月2日上天的航天员中，计划中的随船工程师临时由哈萨克斯坦航天员奥巴基罗夫所取代，与他同时进入太空的还有俄罗斯航天员沃尔科夫。10月10日，由他两人接替的另一名航天员乘飞船返回地面，而无人替代的克里卡廖夫则仍然停留在“和平号”上。

早在“礼炮号”空间站上，研制人员就为航天员设置了小小的“太空体育场”。它是今天“和平号”上综合运动器材的原型。为了预防人体在太空器官功能的丧失，航天员们需要经常进行体力综合练习。他们在空间站上可利用拉力器、模仿地球重力的跑步机以及自行车练习器进行锻炼。飞行中，航天员们使用了“企鹅”型单人加载服，这种加载服可在航天员运动时对骨骼和肌肉系统施加负荷。此外，以适当的交流电脉冲刺激大腿、小腿、腹部肌肉的电刺激方法，也经常为航天员采用……

尽管如此，克里卡廖夫在太空中也不轻松。在浩瀚的太空中连续工作、生活超过300天，这可不是件容易的事。如此长时间的飞行，人的机体会有什么反应？长期失重会对人的心血管系统造成什么样的影响？人的骨骼组织和免疫系统会发生什么变化？这些都是在地面无法预知的。“和平号”上的航天员一批批地轮换，而克里卡廖夫却一直留在那里，以完成一项航天史上从未有过的科研计划。

太空中的失重，封闭狭小的空间，单调的食物，同新乘员的相聚以及周而复始的地球和星空的景象，这一切对于他来说已司空见惯了。他全身心地投入到空间站上的科研工作中，每天工作达15～16个小时。

“和平号”空间站经常出现一些异常情况，如控制系统的仪器失灵。此时，空间站内的生存保障能力降低，航天员生命受到威胁，需要尽快修复。然而，修复有时要持续一天、两天甚至更多。这是对航天员精神和意志的考验。每逢这种时候，航天员们总是把目光投向克里卡廖夫，因为他在太空中资历最老，最有经验。在关键时刻，克里卡廖夫总是显示出临危不乱、镇定解决棘手问题的能力。

生活中的克里卡廖夫平易近人，他能很快地和每一个新到空间站的航天员和睦相处。当然，空间站上最令人高兴的时刻是“他乡遇故知”，也就是从“地球老家”来人的时候。克里卡廖夫说:“你想，新同事从地球上飞来，带来那么多故事、新闻，特别是盼望已久的信件，那里有妻儿和朋友们的问候和关怀，我们总是像盼过节一样期待货运飞船‘进步号’的到来。”

一直到 1992 年 3 月，“联盟 TM 号”飞船将另外两名航天员送到“和平号”轨道站后，克里卡廖夫才得以返回地面。

1992 年 3 月 25 日，莫斯科时间 11 时 51 分，克里卡廖夫乘坐“联盟 TM13 号”飞船在哈萨克斯坦境内的阿尔卡雷克城附近的大草原着陆。至此，他在“和平号”轨道站上已经滞留了 310 个日日夜夜，成为有史以来在太空被迫滞留时间最长的人。

为了安抚克里卡廖夫，在 1992 年 4 月初，俄罗斯总统叶利钦授予了他“民族英雄”的勋章，并奖励 1.5 万卢布和一辆伏尔加牌小汽车。此后不久，克里卡廖夫又荣获了“俄罗斯联邦英雄”的称号。

后来，克里卡廖夫又乘美国的航天飞机登上了国际空间站，并成为国际空间站第一个机组的成员、国际空间站“曙光号”多功能船最早的三个居民之一。他一共在空间站工作了 803 天，打破了此前由同胞波利亚科夫创造的 437 天的纪录，成为世界上在太空停留时间最长的人。

空间站里的克里卡廖夫

克里卡廖夫是位非常出色、非常有经验的航天员，他从国际空间站刚建立不久就开始上去工作，2000 年成为空间站第一长期考察组的成员。他多次前往太空，太空行走次数已达到 8 次。

当他成为世界上在空间站生活时间最长的人时，美国航天局地面控制中心的人员打电话给在空间站上工作的克里卡廖夫，祝贺他创下新的太空飞行世界纪录。当俄罗斯同事打电话问候他时，克里卡廖夫还打趣说:“以后你们准备每天都打电话来祝贺我吧！因为我每天都会刷新一次原来的世界纪录!”

有报道甚至说克里卡廖夫在太空工作的时间也许比他在地面上生活的时间还要多。这也许是夸张的说法，但像克里卡廖夫一样把生活的大部分时间贡献给太空事业的人真是不多，他长时间与家人分离，只能通过电话和电子邮件的方式与家人、朋友联系。

克里卡廖夫 1958 年 8 月 27 日出生于俄罗斯列宁格勒（现为圣彼得堡）的一个工程师家庭。父亲是一名工程师，母亲是一所学校的教务主任。他的妻子捷列希娜是“能源”集团的一名工程师，他们有一个女儿，圣彼得堡市长曾建议克里卡廖夫再生一个儿子，把他培养成航天员。

他喜爱游泳、滑雪、骑车、特技飞行，爱好装配无线电接收装置，尤其是远距离无线电接收装置。

鉴于他在太空飞行方面的经验，他被授予“苏联英雄”奖章、列宁勋章、法国国家荣誉勋章、俄罗斯“人民友谊”勋章及“俄罗斯英雄”奖章。1994 年、1998 年分别获得美国航天局的太空飞行奖章。

克里卡廖夫经常说:“当我还在上学的时候，我就决定要做一名航天员。为这，我做了好多次决定呢!”

“我很高兴看到和我第一次去太空有了不同的东西，太有趣了。我第一次飞时，太空站只是一个雏形，我们看着它成长、发展。之后，我坚信我会看到不同的东西。我可以从太空看到地球上的变化，我总是想认出一些我以前熟悉的地方。”

“我自己从来没有想过去创造一个什么样的纪录，去计算有多少时间，而是因为这样一份美妙的工作吸引着自己。在太空中可以遥看地球，做一些挑战自己的事情，这才是最重要的，至于待多少天并不是很重要。我从不刻意去成为时间最长的人，这只是在飞行中自然发生的。”克里卡廖夫在国际空间站一觉醒来，就已经刷新了世界纪录。

08 人类的骄傲——“和平号”空间站

◇ ……………………

俄国著名科学家齐奥尔科夫斯基曾经在20世纪初描绘了一幅航天空间站的示意图，他说:“我们乘坐飞船起飞，停留在距地面两千至三千多千米的宇宙里，随后发展到从地球上运来工具和材料，在航天站建立移民站，再进一步就能在太空制造产品。”德国火箭专家奥伯特也设想，航天站上的供应由火箭来输送。航天站可以观测地球、进行宇宙飞船的燃料补给，也可以在站上建造聚集太阳光的系统，用来照射地球某一地区，进行消毒、灭虫和融化冰雪，并富有远见地揭示了航天站的军事用途。齐奥尔科夫斯基和奥伯特的伟大思想，刺激和诱发了科学家的想象力。到天上去住，是人类古老而美好的向往，到了20世纪70年代，这种幻想真的变成了现实。一种人造天宫——空间站出现了。它的诞生，将人类的智慧从地球延伸到太空，代表着载人航天又迈入了一个新的发展阶段。

空间站是当代最适合进行长期载人航天活动的“天堂”，具有可补给消耗品、检修和更换设备的能力，以及变更和扩大其功能的性质。它的“先入轨，后上人”的特征，既提高了安全性，又简化了研制过程，前景十分广阔。

1971年4月19日，苏联成功发射了世界上第一座空间站“礼炮1号”。此举对美国是一个极大的刺激，于是美国马上用阿波罗工程的剩余硬件研制了一个名叫“天空实验室”的空间站，并于1973年5月14日升空，还创下了当时连续载人飞行84天的世界纪录。这时美国又觉得空间站不是什么新鲜玩意儿，为了与苏联在太空竞赛中取得优势，于是倾财力、物力和人力去研发航天飞机了。然而，苏联对空间站一直格外青睐，采取了积极、稳妥和循序渐进的发展战略，先后一共发射了8座空间站，在空间站领域取得了领先地位。目前，美、俄等16个国家联合建造的国际空间站已经建成。

从总体结构上讲，上述空间站可以分以下两种共四代。

第一种空间站是单模块式空间站，这种空间站用运载火箭一次就能送上太空。其优点是所用硬件少、成本低、技术简单，不需要航天员出舱等，因而早期的空间站都采用这种构型。它的缺点是容积小，不具备扩展性，工效低，影响了许多科学实验活动的进行，并且很难长期载人飞行。这种空间站先后发展了两代。

第一代空间站是苏联的“礼炮”1号~5号和美国的“天空实验室”，以及随美国航天飞机进行了22次短期飞行的欧洲空间局的空间实验室。由于它们具有试验性质，所以也叫试验性空间站或空间实验室。其主要特征是站上均只有1个对接口，因而只能接纳1艘客货两用飞船（运送往返人员和少量物品），其科研仪器和主要物品均在发射前就装入了空间站，无法及时补给很多重要物资，这就限制了载人航天的时间和空间站在轨运行的寿命。不过这一代空间站解决了许多重大的科技问题。例如，证实了在太空也和在地面一样，有必要把卧室、工作间等按各自的特点分别建造，以免相互影响和束缚，可用轮换航天员的办法使空间站利用率大为提高，即使是短期飞行的空间站，也比其他航天器有较大进步。

第二代空间站是苏联的“礼炮”6号、7号，它们分别于1977年、1982年入轨。由于它们具有实用性质，所以也叫实用性空间站。其主要特征是均有两个对接口，可以同时接纳两艘飞船，从而把载人与运货分开，延长了空间站寿命和航天员在轨时间。在第一代空间站中，寿命最长的“礼炮”4号工作了两年多，而“礼炮”6号、7号分别运行了5年和9年。

第二种空间站是多模块式空间站。这种空间站是由陆续发射的多个舱段在轨道上组装而成的。组合式空间站又分为两种，一种叫模块式空间站，一种叫架式空间站。前者采用多模块组合，即先在地面上制造好舱段，再用火箭发射到太空中，像堆积木一样一个舱段一个舱段对接而成。后者是用长达几十米或上百米的巨大桁架做骨架，然后像往衣架上挂衣服一样，把各种舱段、设备和太阳能电池阵挂到桁架上。这种结构克服模块式结构过于紧凑而相互影响的不足，使之灵活性更强，更便于维修和更换设备，大大提高了空间站的工作效率。航天专家普遍认为，桁架结构的空间站将是建造未来大型空间站的发展方向。桁架式空间站的优点是航天员的生活和工作空间大，灵活性强，运行时间长，缺点是技术复杂，投资和风险大。

多舱式空间站也先后发展了两代，它们也可以算是第三、四代空间站了。

第三代空间站采用多舱段组合式构型，可运行 15 年左右，所以也叫长久性空间站。这种空间站由多个舱段在轨道上像搭积木一样对接在一起，即由一个有多个接口的核心舱和对接在上面的多个舱段组成庞大的轨道复合体。其典型的代表是苏联 1986 年开始在太空建造的“和平号”空间站，它由一个有六个对接口的核心舱和“量子 1 号”舱、“量子 2 号”舱、“晶体”舱、“光谱”舱、“自然”舱以及“联盟 TM”载人飞船、“进步 M”货运飞船对接而成，总质量达 100 多吨。“和平号”的“晶体”舱还对接过美国航天飞机，使总质量达 200 多吨。

苏联“和平号”空间站

第四代空间站是一体化组合空间站。一体化组合空间站的概念首先由美国的空间站计划提出，最终体现在国际空间站的设计方案中。国际空间站由美国、俄罗斯、欧空局、日本、加拿大等国家和国际组织合作建造。

1986 年 2 月 20 日，苏联开始建造世界上第一座“多模块组合式太空站”，名曰“和平号”。“和平号”是 20 世纪世界上质量最大、技术最先进、运行时间最长的太空站，在轨道上工作了 15 年。

苏联“和平号”空间站对接航天飞机

“和平号”空间站是苏联第三代载人空间站，也是人类历史上的第九座空间站，被誉为“人造天宫”。“和平号”空间站全长 87 米，体积约 400 立方米，重约 137 吨，其中科研仪器重约 11.5 吨。它在高 350 ~ 450 千米的轨道上运转，约 90 分钟环绕地球一周。它的设计工作始于 1976 年，1986 年 2 月 20 日发射升空。它由工作舱、过渡舱和服务舱三部分组成，整体形状看上去就像一束绽开的花朵。它有 6 个对接口，其中两个主要对接口位于轴线的两端，用来与载人及货运飞船对接。这 6 个对接口可在互不干扰的情况下接待 6 个飞船，其中有的飞船的质量可以比“和平号”本身的质量大几倍，从而形成巨大的空间轨道联合体。与“和平号”对接过的主要科研舱体有：进行天文物理观测的“量子 1 号”、进行对地观测和试验的舱外活动装置的“量子 2 号”、进行微重力科学与应用试验的“晶体”舱、用于大气层研究的“光谱”舱和进行陆地、海洋和大气的地球环境研究的“自然”舱。自1995年至1998年，“和平号”空间站与美国航天飞机进行了8次对接飞行。“和平号”设计工作寿命3～5年。按原计划，俄罗斯还将开发出“和平2号”空间站接替“和平号”。但20世纪80年代后期苏联的经济危机及苏联解体后俄罗斯经济处于困境，“和平2号”因资金不足而难产。于是，“和平号”担负起在困境中发展载人航天技术的使命。

由于超期服役，“和平号”的故障越来越多，难以正常运转。据统计，服役15年中，“和平号”上共发生了近两千处故障，其中近一百处故障一直未能排除。空间站的中央计算机已老化到了必须完全更换的地步。空间站的温度调节系统也故障不断，太空舱的局部温度有时竟达53℃。“和平号”上的蓄电池曾两次异常放电，导致“和平号”与地面短暂失去联系。1997年6月还曾发生货运飞船撞穿“和平号”“光谱”舱事故。15年的宇宙陨石微粒撞击和空间站内部化学物品的腐蚀，已使“和平号”70%的外体遭到腐蚀。但维修“和平号”耗资巨大，每年需投入2.5亿美元。俄罗斯政府对此无能为力；外国航天部门对合作反应冷淡。所以，俄航天业的著名科学家和有关部门一致赞成坠毁“和平号”。

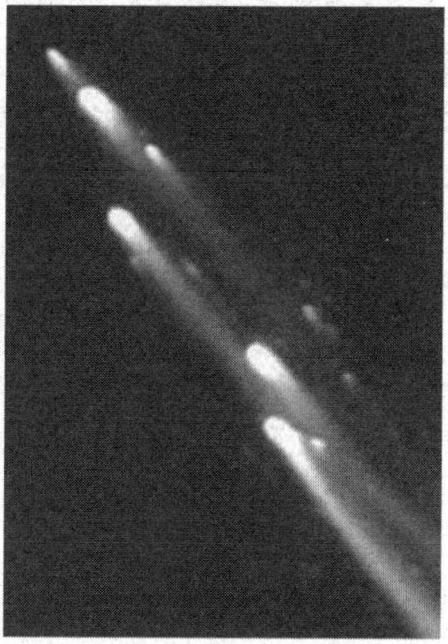

碎裂的苏联“和平号”空间站

据统计，服役的15年中，“和平号”空间站总共绕地球飞行了8万多圈，行程35亿千米，共有31艘“联盟号”载人飞船、62艘“进步号”货运飞船与“和平号”实现对接，航天员在“和平号”上进行了78次太空行走，在舱外空间逗留的总时间达359小时12分钟。先后有28个长期考察组和16个短期考察组在上面从事考察活动，共有俄罗斯、美国、英国、法国、德国、日本、叙利亚、保加利亚、阿富汗、奥地利、加拿大、斯洛伐克等 12 个国家的 135 名航天员在空间站上工作。这些航天员共进行了 1.65 万次科学试验，完成了 23 项国际科学考察计划，获得了大量知识、数据和具有重大实用价值的成果。航天员们还拍摄了许多恒星、行星的照片，进行了基本粒子和宇宙射线的探测，大大扩展了人类对宇宙的认识。他们还探测了从太空预报地震、火山爆发、水灾及其他自然灾害的可能性。航天员在太空生活的经验为进行长期星际飞行提供了医学保障。

“和平号”空间站创下了多个世界第一，它是在太空工作时间最长、超期服役时间最长、工作效率最高、接待各国航天员最多的太空站，俄罗斯航天员波利亚科夫创造了单人连续在太空飞行 437 天的最高纪录。此外，“和平号”空间站还在空间商业化等方面进行了许多有益的探索，获得了大量数据及具有重大实用价值的成果，为开发利用太空和人类在太空长期生活积累了丰富的经验。“和平号”是航天事业的一个里程碑，它为国际空间站提供了不可替代的经验和教训，人类在“和平号”计划中所掌握的太空舱建造、发射、对接技术、载人航天及太空行走技术、太空生命保障技术，航天医学、生物工程学、天体物理学、天文学知识以及商业航天开发经验，都正在或将在国际空间站计划及未来的太空城和月球、火星基地规划中发挥不可替代的作用。“和平号”已经大大地超额完成了任务，它的光辉业绩将永载史册。

北京时间 2001 年 3 月 23 日，“和平号”终于走完了 15 年的坎坷路程，带着它创下的无数成就，带着苏联时代的骄傲，带着全俄罗斯人民和全世界人民的惋惜，从地球轨道上消失了。

09 屡创佳绩的苏联运载火箭

◇

苏联的运载火箭主要有以下几个系列：

（1）“卫星号”运载火箭

“卫星号”运载火箭奠定了苏联航天运载工具发展的基础。它是用苏联 P－7 洲际导弹改装的，由一枚芯级火箭和 4 台助推火箭并联捆绑而成，全长 29. 17 米，起飞重量 267 吨，有效载荷 1. 3 吨。为了控制航向，火箭另外安装了 12 台可摆动的小型游标发动机。火箭发射时，5 台火箭发动机同时点火工作。在飞行中，4 台助推火箭发动机先行熄火分离，芯级火箭发动机继续工作，直到把卫星送入轨道。“卫星号”火箭成功发射了 3 颗人造卫星。

（2）“东方号”运载火箭

苏联“东方号”系列火箭是世界上第一个航天运载火箭系列。“东方号”运载火箭是一种三级液体火箭，它在“卫星号”两级火箭的基础上又增加了第三级火箭，因此它的运载能力比“卫星号”增大了 2. 5 倍。这种火箭的主体是一个两级火箭，周围有 4 个长 19 米、底部直径 3 米的助推火箭。中心两级火箭长 28 米，上面一级长不到 4 米，呈圆筒形状。发射时，中心火箭发动机和 4 个助推火箭发动机同时点火。大约两分钟后，熄火脱落，主火箭继续工作两分多钟后也熄火脱落。接着末级火箭点火工作，直到把有效载荷送入绕地球的轨道。“东方号”火箭因发射“东方号”宇宙飞船而得名，1959 年 1 月 2 日，成功发射“月球 1 号”探测器，后来又 4 次用于发射动物卫星舱的试验。1961 年 4 月 12 日，把世界第一位进入太空的航天员加加林送上地球轨道飞行。截至 1980 年，“东方号”火箭总共发射了 85 个航天器，其中包括 5 艘载人飞船。

苏联“东方号”运载火箭发射人造卫星

（3）“闪电号”和“联盟号”运载火箭

苏联的运载火箭基本上按照标准化、系列化发展。在“东方号”火箭的基础上，1961 年又研制成功“闪电号”和“联盟号”两种系列火箭。“闪电号”以改装后的“东方号”三级火箭为基础，再加上第四级构成，火箭全长 42.8 米，起飞重量 300 吨，其近地轨道的运载能力最高达到 7 吨。1961 年 2 月 4 日首次发射成功，随后相继发射了 7 颗“金星号”、10 颗“月球号”、1 颗“火星号”探测器和数十颗“闪电号”通信卫星。

“联盟号”火箭因发射“联盟号”系列载人飞船而得名。它是由“东方号”三级火箭改进第三级的新型三级运载火箭，总长 49.3 米，起飞重量 310 吨，近地轨道的运载能力为 7.5 吨。1963 年 11 月 16 日首次发射“宇宙 22 号”卫星成功。1964 年和 1965 年又先后用来试验发射两艘“上升号”载人飞船。1967 年开始用来发射“联盟号”系列载人飞船和“进步号”自动货运飞船。

(4)“能源号”运载火箭

苏联“联盟号”运载火箭

1987 年 5 月 15 日，苏联从拜科努尔航天中心成功发射一枚超级运载火箭。它的总设计师披露了这种巨型火箭的细节：火箭长约 60 米，总重 2400 吨，起飞推力 3500 吨，能把 100 吨有效载荷送上近地轨道。这种命名为“能源号”的运载火箭由两级组成。第一级捆绑 4 台液体助推火箭，高 39 米，直径 4 米；第二级为直径 8 米的芯级，由 4 台液氢液氧发动机组成。发射时，第一、第二级同时点火。第一级 4 台主推火箭工作完成后，由地面控制脱离芯级火箭，但可回收，经修理后可重复使用 50 次，第二级即芯级火箭可将有效载荷送入地球轨道。1988 年 11 月 15 日，“能源号”火箭将不载人的“暴风雪号”航天飞机送入太空轨道飞行，成为苏联运载火箭发展的一个新的里程碑。

(5)“质子号”运载火箭

苏联“质子号”运载火箭

在苏联的航天活动中，“质子号”运载火箭发射最为频繁，它是目前世界上运载能力最大的火箭之一。它先后研制有二、三、四级 3 种型号。最大一种四级火箭全长 44.3 米，底部最大直径 7.4 米，起飞重量 800 吨。第一级由 6 台主推火箭组成，中心是一个直径较大的氧化剂箱，四周捆绑 6 个燃料箱，起飞推力达 1000 吨，第二级高约 13.7 米，装有 4 台发动机，总推力为 240 吨，第三级高 6.4 米，装 1

台发动机，另有4台校正航向的可控微调发动机，第四级高5.5米，装有1台封闭式循环发动机，可二次点火。这种火箭可将21吨重的有效载荷送上近地轨道。

1965年7月16日，“质子号”运载火箭首次发射，将一颗重达12.2吨的卫星送入预定轨道。1971年4月19日又成功发射重17.5吨的“礼炮1号”轨道站。从1971年至1973年相继发射6个“火星号”探测器。1974年发射第一颗静止轨道卫星“宇宙637号”。1975年至1983年陆续发射了几个“金星号”探测器，1984年发射“维加号”和“哈雷彗星”探测器，1986年又把第三代空间站“和平号”送入太空。这一系列发射记录，表明“质子号”火箭对于苏联的航天活动起着举足轻重的作用。

在苏联的领土上有三座航天城：拜科努尔、卡普斯丁亚尔和普列谢茨克，其中拜科努尔航天中心最负盛誉。

苏联拜科努尔航天中心

拜科努尔航天中心位于莫斯科东南2100千米的哈萨克斯坦共和国的丘拉坦沙漠地带，始建于1955年，占地广阔，设备齐全。在这里，火箭飞行路线可跨过东北方向的一片无人烟的宽阔地带，空间轨道在苏联境内就有几千千米，一直延伸到太平洋的赤道上空为止。由于它在苏联境内属于低纬度地区，有利于各种航天器入轨。世界上第一颗人造卫星和第一艘载人飞船都是从这里飞上太空的，后来的“联盟号”系列载人飞船、“礼炮号”和“和平号”空间站，还有部分人造卫星和“月球号”“金星号”“火星号”空间探测器也都从这里发射，进入太空。整个发射中心拥有 13 个发射台，可以用大型运载火箭发射卫星、载人航天器、航天飞机及发射多种型号的导弹。这里可以完成航天飞行器部件的安装、检查、测试以及接收测量信号等。向东北方向发射时，可把航天器送入倾角为 52 ~ 65 度的轨道。发射场由发射区、保障区和测控站组成。

10 苏联的“太空天眼”

◇……………

太空得天独厚的地理位置，在政治、经济、军事、外交等方面都具有非常重要的应用价值。空间产业对国民经济的发展也具有极大的促进作用。在军事上，航天系统可以提供通信、侦察、导航、导弹预警、气象保障、地形测绘、核爆炸探测和搜索救援等。由于空间具有不可替代的优势，世界各国纷纷抢占太空制高点。现代军事对卫星的依赖更是到了空前的程度，从侦察、预警、遥感、监视到天气预报、指挥通信、精确制导，都离不开卫星。正因为如此，早在20世纪60年代肯尼迪就宣称:“谁能控制空间，谁就能控制地球!”人造卫星发射成功以后，卫星便成为空中侦察最得力的工具，给高空侦察开辟了新的途径。当代的军事卫星可以称得上是一双真正的千里眼和顺风耳。它速度快，如果是近地固定的侦察卫星，每秒大约飞七八千米，一个半小时就可以绕地球一圈，不但侦察及时，而且有连续性。另外，侦察范围广泛，受限制少。如果一个外国人在对方国家的领土上拍军事目标的照片，对方一定会把他抓起来问罪，派侦察机在空中偷偷照相也不行，侵犯了别国的国家领空主权，飞机也会被打掉。可是，天上的卫星谁管得着呢？它有超越国境的自由，而无侵犯领空的麻烦，成了一群超然于国际法之外的公开间谍。

侦察卫星常被人称为间谍卫星，在美国和俄罗斯两个军事强国中，天上的卫星60%～70%都是间谍卫星。

许多国家都看到了侦察卫星在现代战争中的作用和它的空间军事价值，所以抢占太空制高点也就是抢占现代战争的制高点。现在，夺取制天权已经成为夺取制空权、制海权和制电磁权的基本条件之一。制天权可制约陆、海、空战场的作战行动，未来战争中，谁能控制外层空间，特别是控制低层轨道空间，谁就能掌握战争的主动权。

因此，苏联的空间总设计师说：“太空中必须有我们的眼睛，我们要有一名哨兵始终站在美国人的头顶上，每一分每一秒地观察敌人是否对我发起进攻。”

侦察卫星家族非常庞大，成员种类繁多，按照用途的不同，可分为照相侦察卫星、电子侦察卫星、弹道导弹预警卫星、海洋监测卫星和核爆炸探测卫星等。

照相侦察卫星被称为神秘的天眼。1962年4月26日，苏联发射了第一颗照相侦察卫星“宇宙4号”，苏联的宇宙照相侦察卫星是由载人飞船“东方号”和“联盟号”改进而成的，由SS-6运载火箭发射。1982年12月28日，苏联发射了“宇宙1426号”长寿命照相侦察卫星。1984年5月14日发射了“宇宙1552号”侦察卫星。这一卫星的发射，表明苏联也有了与美国的“锁眼-11”水平相当的第五代照相侦察卫星。与美国的照相侦察卫星相比，苏联卫星的运行时间短，但是从照相处理、轨道机动等技术来看，不相上下，或各有所长也各有所短。美国的第三代至第五代“锁眼”卫星寿命虽然长，但技术复杂，生产周期长，发射数量有限。苏联的第二代至第四代“宇宙”卫星技术简单，容易实现标准化成批生产，发射数量大。苏联的照相侦察卫星具有较大的灵活性和适应性，一旦需要，随时可以发射。在单颗卫星不足以覆盖目标区的情况下，可以发射多颗卫星去执行侦察任务。

“宇宙2031号”是苏联第六代照相侦察卫星，1989年7月首次发射。电子侦察卫星上装有电子侦察设备，用来侦辨雷达和其他无线电设备的位置和特性，窃听遥测和通信等机密信息。电子侦察卫星是窃听能手。美国 1988 年 8 月发射的一颗电子侦察卫星，可以同时监听中、苏两国 11000 条电话和步话机无线电话。

苏联的“宇宙号”系列家族越来越庞大，除了通信和气象等少数卫星外，苏联的各种用途的卫星几乎都混编在“宇宙号”系列中。尤其是 1984 年 9 月 28 日，苏联发射“宇宙 1603 号”卫星，它代表了苏联在卫星侦察方面再次向前跨了一大步。这颗卫星发射后，著名的美国空间防卫作战中心对它进行了跟踪。一天后，这颗卫星进入了约 850 千米高的椭圆轨道，倾角 66.6 度，不久，卫星的倾角变为 71 度。卫星如此多次大幅度的轨道变动，需要大量的推进剂和很高的控制技术，它到底是干什么的？开始，美国人认为它可能是一颗反卫星卫星，但很快又排除了。经过大批专家分析，认为这颗卫星是“质子号”火箭发射的，“质子号”火箭是苏联可使用的最大运载火箭，使用“质子号”火箭发射一个很重的载荷，然后进入更高轨道，这是不常见的，改变轨道高度更是异乎寻常。美国空间防卫作战中心重点监视了这种不同寻常的活动。后来，经过美国专家分析，“宇宙 1603 号”是为了搜集美国卫星发射运行情报的卫星。这是一颗新型的电子情报侦察卫星。苏联的这颗卫星比美国的新型情报卫星要大，这说明接收特定军事目标讯号的能力和连续监听某些范围内目标的能力都有极大提高。

“宇宙”变成了间谍，美国人目不暇接。此后，苏联大量发射侦察卫星，“宇宙”庞大家族已数以千计，把寂静的太空搞得忙乱不堪。

现在，卫星不仅在太空进行侦察，而且还对敌方的卫星痛下杀手。这就是反卫星卫星。

1975 年，印度洋上出现了一桩怪事。10 月 18 日，印度洋上空万里无云，一颗在地球上空运行的美国预警卫星像往常一样，展开其天线的翅膀，如同小小的夜莺一般，悄悄地掠过苏联西伯利亚上空，在它既定的太空轨道飞行，以它那敏锐的“目光”俯视着地面上的各种变化，它装备有特制的望远镜和一组硫化铅探测器，能感受到弹道导弹发射时所辐射的红外线。此时它正在执行一项特殊的使命。同时，还有一颗向地面转发信号的卫星和它遥遥结伴而行，共同执行这项任务。

这颗卫星的任务就是监视苏联的重要军事目标。当它飞临摩尔曼斯克一带的上空时，开动了电视摄像机，同时采用遥感设备，对目标进行透视检查。这个目标原来是一个制造和藏匿潜艇的海军船坞。当然，这已经不是第一次侦察了，但美国人不明白的是，一个船坞，为什么要用草绿色的帆布盖起来呢？一定有不可告人的秘密。

预警卫星还在不慌不忙地窃取苏联情报的时候，突然，一束强光向它袭来，速度之快，根本无法躲避，预警卫星明亮的“眼睛”瞬间便被弄瞎了。它像醉汉一样失去控制，在空中摇晃起来。它试图向同伴发出警报，但无济于事。自旋稳定平衡系统的电子仪器也受了伤，只见它摇摇晃晃，连姿态都无法保持平衡，因而与地球另一面的美国主人也失去了联系。这时它的同伴也未能幸免，其情况跟它差不多，一束强光也使它失去了自我控制能力。

原来，这是卫星上的红外传感器暂时失灵，就像正在行走的人突然致盲一样，眼前一片黑暗，一阵晕眩。

这一切当然瞒不过美国防空司令部的眼睛，那里的荧光屏一天24小时跟踪它的卫星，也监视着太空。美国人知道，卫星失控，除了内部故障，往往有两种可能：一是不可抗拒的宇宙射线，二是来自神秘的高能电波或激光束。美国专家紧盯荧光屏，焦急地等待着。几分钟后，一切恢复了正常，人们这才松了一口气。可是在这之后，同样的事情又连续发生了几次，有一次卫星致盲的时间竟达4小时。

同年11月7日至18日，美国空军的另外两颗卫星在沿椭圆轨道运行飞越苏联上空的时候，又发生了类似的情况。

五角大楼紧张起来，各种各样的猜测都有，有人认为是红外探测装置或其他星载电子装置发生故障造成的，但分析来分析去，这种情况是不可能的。又有人提出，在这期间曾发生猎户座和狮子座两大流星群，所以这可能是红外探测的结果，但这种流星群几乎每个月都有，过去却没有观测到由流星群引起的强红外线，所以，这种意见也是站不住脚的。也有人认为，是由于在苏联西部地区发出的强度比一般天然光源强上千倍的强光照射的结果，但这种强光又是什么呢？是人为的吗？这引起了美国人的关注。于是，有人认为是苏联从地面对美国的卫星发射了激光，早期预警卫星的红外探测仪的灵敏度以2.7微米附近的波长表示峰值，这种波长和使用氟化氢的高能化学激光的波长几乎相同。

原来，苏联在摩尔曼斯克的这个船坞确实正在进行一项秘密的施工，目的是研究潜艇水下发射战略弹道导弹的多弹头，试验多弹头的分导技术，但这项秘密工程没有瞒过美国的侦察卫星，招致美国卫星的反复侦察。苏联当然不愿意让美国的间谍卫星窥见自己的秘密，为此，苏联人怀着满腔的愤怒，使用了他们的最新武器，两束强光射出，一束击中预警卫星，一束击中中继卫星。后来，美国从这颗卫星所拍的照片揭开了苏联的秘密。美国国防部对此十分震惊，他们强烈抗议苏联违反1972年第一轮美苏限制战略武器协议。

11 太空高尔夫秀

现在，广告无所不在，人们已经把广告做到了太空。提起高尔夫，就会让人想到，阳光、草地、氧气，身着休闲装的选手优雅地挥杆，给人健康和朝气的感觉。可如果是在太空打高尔夫，会怎样？2006 年 11 月 23 日，俄罗斯航天员秋林从国际空间站上成功地将一个高尔夫球击入地球轨道。这一次高尔夫球的表演，吸引了世界众多的航天迷和高尔夫球迷的目光。这是俄罗斯航天员在感恩节当天，在太空中潇洒地挥上一杆，做的一次高尔夫宣传秀，也就是一场广告宣传。

感恩节那天，秋林和队友美国航天员洛佩斯·阿莱格里亚身穿 130 千克的俄制航天服从空间站里“走”了出来，进行了太空行走。由于失重，他们的动作有些笨拙和迟缓。秋林花了十多分钟才做好了击球前的准备，高尔夫球托被固定在空间站对接舱外的扶手上。秋林单手持一个镀金球杆，他仔细地挑选击球的角度，挥手做了几个击球的准备动作。最后，他望着那枚小小的高尔夫球，说了声：“好，开球。”话音刚落，秋林把球果断地击出。高尔夫球飞向太空。“OK，它已经飞出去了，飞得真远，太精彩了！”秋林欢呼道。

俄罗斯航天员秋林

秋林1960年3月2日出生在俄罗斯的科洛姆纳，1984年毕业于莫斯科航空学院，曾在能源公司当一名工程师。1993年秋林被选拔参加航天员训练，2001年秋林作为第三航天组成员乘坐“发现号”航天飞机飞往国际空间站。

秋林挥出的这一杆使他成为世界上高尔夫球打得最远的人，因为这个高尔夫球会围绕地球飞行至少48圈，穿行2748.5万千米，会在太空中飞2~3天，然后进入地球大气层并烧毁，不会威胁航天器的安全，而航天员选择向空间站飞行的相反方向击球，也削弱了它的潜在威胁。但也有专家预测，该小球可能在环地球轨道飞行3年半后才会坠入地球大气层。

这一杆是历史性的，但是，这一杆也是不容易打的。

为了打这一杆球，秋林在空间站曾经反复练习多次，直到大家都认为，他的击球动作已经相当准确。为防万一，他还准备了3个球。

秋林在空间站反复练习打高尔夫球

那么，在失重状态下如何打高尔夫球呢？秋林将一根安装在类似冰激凌蛋卷的球座上的弹簧连在空间站气密舱旁的扶梯上，另外，高尔夫球也没有像在地面上那样放在球座上，而是用金属丝网包住，否则，它就会在失重状态下飘走。然后，秋林使用一根镀金的6号铁杆轻轻击打镀金的高尔夫球，将球击入轨道。秋林使用的高尔夫球质量大约3克，实际上在地球上高尔夫球大约是45克。秋林将高尔夫球打出的距离将是有史以来高尔夫球飞出的最远距离，因为这个球在落入地球轨道之前将穿行两千多万千米，然后，会在两三天内烧毁。

虽然，球王“老虎”伍兹打高尔夫球的技术远比米哈伊尔·秋林高，但就将球击出的距离而言，他肯定无法与这位俄罗斯航天员相提并论。

秋林是在太空做锻炼吗？不是，秋林的这场高尔夫秀实际上是为了给一个品牌的高尔夫球杆做广告。这也预示着太空商业广告就此拉开序幕。

这根高尔夫球杆是“元素21”高尔夫球杆厂生产的，“元素21”高尔夫球杆厂为了使自己的品牌走向世界，花重金邀请俄罗斯航天员完成太空一击的广告宣传。“元素21”将把相关视频录像用在新球杆广告上。新球杆使用了一种叫作钪的合金，这种合金也是用来制造俄罗斯米格战斗机的，俄罗斯建设国际空间站某些部分所用的材料也是这种合金。高尔夫球和高尔夫球杆是2007年9月被“进步号”货运飞船送到空间站的，完成使命后，球杆将被送回地球，并被拍卖，作为慈善基金。

“两百万英里金球飞渡　俄航天员今秀太空高尔夫”，实际上，秋林不是人类太空史上第一次打高尔夫球的人。我们知道，乘坐“阿波罗14号”飞船，在1971年登上月球的美国航天员艾伦·谢泼德，在月球上也打过一次高尔夫。当年，执行“阿波罗14号”飞行任务的航天员艾伦·谢泼德和米歇尔在月球上度过了33.5个小时，他们跋涉于月球表面，探索和分析月球表面尘埃的时间长达9小时，工作相当辛苦。工作完成后，谢泼德拿出两个高尔夫球，展开了一根可折叠的高尔夫球球杆（为航天员特别制作），尽管戴着厚厚的手套，穿着笨重的航天服，而且只能用一只手摆弄球杆，但他还是成功地将球击出。谢泼德说，他击出的球在低重力环境下飞行了“很多很多”千米。

航天专家们表示，用微型的高尔夫球是因为普通高尔夫球在飞离太空站后，就变成了一块太空垃圾，理论上会对卫星或空间站构成威胁，小球能大大减少其造成危害的可能性。此外，由于高尔夫球内装有无线电发射装置，人们不难跟踪它。

美国航天员在月球上打高尔夫球

不过，这次“太空广告秀”还是招来了质疑的声音。美国航天局一名从事太空垃圾研究的专家唐·凯斯勒说，在太空中，高速飞行的小球如果撞上空间站，足以产生毁灭性的后果。秋林的高尔夫球好在很安全。

我们都看到过这样的画面，在太空中的航天员在微重力影响下，打闹嬉戏，似乎非常好玩。埃德加·米歇尔在月球表面上投掷“标枪”，艾伦·谢泼德则在遍布陨石坑的月球表面玩高尔夫球，另外还有富豪不惜重金进入太空。随着太空旅游日益发展，那么，太空运动离我们普通百姓还有多远？

12 苏联的深空探测

当苏联人取得了骄人的航天成绩后，它开始向着深空探测发展。苏联第一个发射了月球探测器、金星探测器、火星探测器，这是向更遥远的宇宙进军的宣言。但苏联失败比较多。1961 年 2 月，苏联发射了“人造卫星 7 号”，准备探测金星。但它太重了，大约重 7 吨，在太空点火推进失败。8 天后，苏联又发射了“金星 1 号”探测器，为了应对金星表面可能存在的沼泽或海洋，它还配备了飘浮救生衣。不过，该探测器在快到达金星时，失去了联系。

1962 年 8 月 25 日，苏联的“人造卫星 19 号”发射，并试图到金星上着陆，但是它殒命在地球轨道上。

1967 年 6 月，苏联发射了“金星 4 号”，成功地在金星表面着陆，虽然探测器外表包着很厚的耐高温壳体，但它还是被金星巨大的气压和炽热的温度瞬间损毁，未能发回金星上的信息。

1970 年 8 月，苏联又发射了“金星 7 号”，再次在金星软着陆，第一次测得金星表面温度为 447℃，热得足以熔化铅，气压 9117 千帕，能把人瞬间压扁，是个十足的地狱。金星大气中的成分 96% 是二氧化碳，这导致了金星严重的温室效应。要想在金星上顺利驻足，探测器必须要像潜水艇一样坚固，同时还要有很强的空调制冷设备。

苏联的“金星 7 号”探测器

美国航天局共组织过 10 次对金星的探测，苏联进行了 32 次，欧洲航天局进行了 1 次。总体来说，苏联获得较多成果，属于百折不挠型，至少它曾经着陆过金星。

20 世纪 60 年代，苏联向火星发射了非常多的探测器，可惜的是，苏联的火星探测任务每次都以失败告终。1960 年 10 月 1 日，苏联向火星发射了“战神 1 号”，但是发射失败。随后的“战神 2 号”也发射失败，接下来，准备飞往火星的 3 颗卫星都失败……

1964 年，苏联又往火星上发射探测器 2 号，结果失去联系，再次失败。1965 年 7 月，探测器 3 号发射，本计划飞往火星，但到达火星的最佳时间已经错过，只好先飞过月球轨道，然后自生自灭了。

1969 年 3 月和 4 月，苏联又发射了两个探测器“火星 1969A”和“火星 1969B”，结果还是失败。

1971 年 5 月 10 日，苏联的一个火星探测器在太空点火失败。同年 5 月 19 日、28 日，苏联发射了“火星 2 号”“火星 3 号”，

“火星 2 号”着陆后失踪；“火星 3 号”在火星上弹跳着陆，接着撞上了岩石，结果也失败。

1973 年，苏联发射了四个火星探测器，但均失败。1988 年，苏联又发射了两个探测器，同样失败。苏联共发射了 18 个火星探测器。之后，苏联解体，俄罗斯直到 2011 年，再也没有探测过火星，火星是苏联的噩梦，碰到火星，苏联就总是失败。在俄罗斯的一本《通往火星的坎坷之路》中，作者讲述了苏联在火星上匪夷所思、数量惊人的失败。

13 “暴风雪号”航天飞机

◇ ……………

大家都知道，美国有航天飞机，那么苏联有航天飞机吗？其实，世界上一共有六架航天飞机，五架是美国制造的，苏联只制造了一架，而且，这一架还是无人驾驶的，它不仅成功地飞上了太空，而且准确地返回了地面，它在某些方面甚至比美国的航天飞机还要先进，只不过，这架航天飞机直到现在，仍然“待字闺中”。这架航天飞机就是苏联的“暴风雪号”。和它的名字一样，它有着暴风雪一样的经历。这是怎么一回事呢？

早在三十多年前，即 1988 年的 11 月 15 日莫斯科时间清晨 6 时，经过一夜风吹雨淋的苏联哈萨克草原笼罩在初冬的寒风中，背驮着“暴风雪号”航天飞机的“能源号”巨型运载火箭，威风凛凛地耸立在拜科努尔航天发射场的发射台上。“暴风雪号”犹如一只黑翅的大白鸟，等待着出征。

“暴风雪号”航天飞机与普通大型客机相差无几，外形同美国的航天飞机相仿，它由粗大的机身、三角形的机翼和单垂直尾翼组成。该机长 36 米、高 16 米、翼展 24 米、机身直径 5. 6 米，起飞重量 105 吨，返回后着陆重量为 82 吨。它有一个长 18. 3 米、直径 4. 7 米的大型货舱，能将 30 吨货物送上近地轨道，将 20 吨货物运回地面。头部有一容积 70 立方米的乘员座舱，可乘 10 人，其中机组人员 2~4 人、卫星修理人员 2 人、机械手操作人员 1 人、科研人员 2~3 人。机身表面用 3.8 万块不同厚度的轻型陶瓷防热瓦覆盖，以抵御进入大气层时产生的高于 2000℃的高温。飞机头部和尾部安装有由 48 台发动机组成的联合动力装置，可分别用于完成航天飞机的加速入轨、太空变轨等机动操作。机身前上部的双层气密座舱，能容纳 4 名机组人员和 6 名考察人员，能在太空工作 1 周至 1 个月。

苏联“暴风雪号”航天飞机

“暴风雪号”航天飞机与美国的航天飞机比，有较大不同：第一，“暴风雪号”的主发动机不是装在航天飞机尾部，而是安装在“能源号”火箭的芯级上，这样就大大减轻了航天飞机的入轨重量，同时腾出位置安装小型机动飞行发动机和减速制动伞。第二，苏联的航天飞机几乎完全依靠“能源号”火箭的推力，不像美国的航天飞机，既要靠自身的主发动机，还必须与外挂储箱和固体助推器一起发射，使用中受较大限制。第三，由于“能源号”火箭采用的全部是液体推进剂，苏联通过采用故障保护装置，在第一级或第二级火箭中任意一台发动机失灵时，仍然能够保证火箭正常工作，这是使用固体燃料的美国航天飞机所达不到的。第四，苏联航天飞机的机翼棱角比较分明，装配容易，但机翼易因阻力而受损，而美国航天飞机的机翼为圆弧曲线型，这种机翼具有较好的流体力学性能，但装配比较复杂。第五，苏联的航天飞机的货舱尺寸稍大于美国的航天飞机，又由于它不装主发动机，所以“暴风雪号”比美国的轨道器轻，从而使它能运送更大更重的有效载荷。

另外，“暴风雪号”着陆时，可用尾部的小型发动机做有动力的机动飞行，安全准确地降落在狭长跑道上，万一着陆失败，还可以将航天飞机升起来进行第二次着陆，从而提高了可靠性。而美国的航天飞机靠无动力滑翔着陆只能一次成功。“暴风雪号”能够像普通飞机那样借助副翼、操纵舵和空气制动器来控制在大气层内滑行，还准备有减速制动伞，在降落滑跑过程中当速度减慢到50千米/小时时自动弹出，使航天飞机在较短距离内停下来。

莫斯科时间6时整，随着一声令下，“能源号”火箭载着“暴风雪号”航天飞机，在70～80千米/小时的烈风中呼啸着拔地而起，带着一串火焰和浓烟，信心十足地冲破厚厚的云层飞入太空。47分钟后进入距地面250千米的圆形轨道。它绕地球飞行两圈，在太空遨游3小时25分钟后，按预定计划于9时25分安全返航，准确降落在离发射地点12千米外的混凝土跑道上，完成了一次无人驾驶的试验飞行。首次试飞取得了圆满的成功，“暴风雪号”只掉了5块防热瓦。科学家们认为，这次“暴风雪号”完全靠地面控制中心遥控机上的电脑系统，在无人驾驶的条件下自动返航并准确降落在狭长跑道上，其难度比1981年美国航天飞机有人驾驶试飞大得多。

“暴风雪号”航天飞机是苏联人值得骄傲的作品。它是苏联耗资100多亿美元，历时十多年秘密研制而成的。曾调集了全国1000多个研究所和工厂企业的上万名科技人员，是苏联科技水平的代表，是集体智慧的结晶。

无人驾驶航天飞机上天难，返回更难，但苏联的“暴风雪号”以高超的技术获得成功降落，航天飞机顽强地抗住了每小时 34 千米的侧风速度的考验，在着陆场跑道上，轴线偏差距离小于 5 英尺(约 1.5 米)。第一次飞行和返回就如此成功，这么高的水平，这么难的技术，成功背后的困难不胜枚举。成功一定是经过若干次动态飞行、不断试验不断加以改进后的结果，是苏联技术人员在科学发展的道路上付出艰苦努力后的成果。但是，1989 年以后，由于苏联国内政治、经济的动荡，载人航天飞机的飞行计划一推再推。苏联解体后，政府中止了航天飞机的计划。

四 针锋相对的美国航天

01 掠走一流的德国头脑财富

◇ ……………

尽管德军用 V－1、V－2 导弹对英国进行大规模袭击，却仍然没能阻止盟军在诺曼底的登陆行动。但是，德军的 V－1、V－2 导弹却引起了美国和苏联的注意，他们已经意识到，导弹武器将会和坦克一样，成为未来战场上一把威力巨大的杀手锏。因此，美、苏两国便把获取德国火箭技术与人才作为进军德国的一项极为重要的任务。于是，一场哄抢德国头脑财富的竞争在美、苏之间悄然展开。

在这场竞争中，美国人要比苏联人稍胜一筹。美国最高统帅部于 1943 年秋便发布命令，由格罗夫斯将军负责，成立一支由军事、情报人员和科学家组成的侦察小分队，任务是到西欧、中欧和亚洲，尤其是到轴心国把科技情报，特别是把德、日两国在原子弹、导弹方面的科技人才和资料搞到手。格罗夫斯将军受领任务后，马上开始从陆军和海军的情报人员中选拔最优秀、最合适的人员组成侦察小组。开始挑选了 20 多人，后来又扩展到 100 多人，其中仅科学家就有 33 人。格罗夫斯以自己的希腊姓氏命名侦察小分队为“阿尔索斯”突击队。队员们都佩戴着一枚徽章，上面有一个白色的希腊字母“α”。突击队员每人还有一张表格，上面详细列出 50 名德国科学家的简历、住址和工作地点。这些人都可能与德国的原子弹、导弹的研制有关。这支突击队的任务有点像现在的猎头公司，负责给老板寻找合适的头脑财富。

1943 年年初，盟军在意大利半岛登陆。次年 6 月 4 日，美军第五军攻克罗马，“阿尔索斯”小分队也随军跟进，开始审讯意大利科学家，查阅大量的德、意科学家之间的私人信件，分析缴获到的全部档案，最后侦察小组得出结论，在战争结束前，德国人不会造出原子弹。这一结论使得美国人和英国人如释重负，美国总统罗斯福为此对“阿尔索斯”大加赞赏。

随后，“阿尔索斯”突击队便紧随美军大部队之后行动。当美军进入巴黎等欧洲城市时，突击队的情报人员乘装甲车，在第一批坦克之后进入。由于突击队行动迅速，工作高效，因此获得了大量德国研制原子弹的技术资料、技术专家和十分珍贵的核材料。

1945 年 2 月，“阿尔索斯”随美军进入了德国的阿亨附近地区，他们发现了德国奥厄公司的一个专门从事提炼金属铀的工厂，它位于柏林以北约 24 千米的奥兰宁堡。当时，因为苏军将要进攻这里，为了不让苏军获得这里的秘密，“阿尔索斯”突击队急电总部，建议将这个工厂炸掉。经马歇尔将军批准，第八轰炸机联队出动 B－29 轰炸机 612 架次，共投下 190 万千克炸弹和 18 万千克燃烧弹，只用了 30 分钟就将这座工厂夷为平地。为了防止苏联人和德国人摸清这次轰炸的真正意图，美军还同时轰炸了德军总部的驻地措森小镇。

令“阿尔索斯”突击队最感兴趣的是德国的那些著名的原子弹、导弹专家。为此，他们不惜代价、不择手段。

为了得到德国著名的研制原子弹权威维尔纳·海森堡，突击队用了很长时间多方探听，翻阅了大量的德国新旧物理杂志和各种报纸，最后终于获悉海森堡在德国南部的黑兴根。而黑兴根正处在法国军队的前方。突击队总管格罗夫斯将军果断地向上级建议：用一支美军的增援军团，斜

维尔纳·海森堡

插过法军阵地作为屏蔽，让“阿尔索斯”突击队带领一支部队抢先进入黑兴根。美国军事当局立即批准了格罗夫斯的建议。于是，由一个伞兵师、两个装甲师加上整个美军第六军团组成了掩护作战部队，为“阿尔索斯”突击队开路，抢先进入黑兴根。经过一番周折，突击队终于把海森堡弄到了手，并搞到了很多有价值的档案材料。事后，格罗夫斯将军骄傲地说:“海森堡是世界上著名的物理学家之一，对我们来说，得到他比俘获10个德军师更有价值。”

“阿尔索斯”突击队还抢先苏联一步，俘虏了以德国专家布劳恩为首的118名第一流的火箭专家，他们认为这些专家非常珍贵，当夜就把他们送往美国的范登堡空军基地，其他专家连同100枚V-2导弹，也被迅速运往美国新建的白沙试验基地。

就这样，前后不到一个星期，德国苦心经营十几年、花费数亿马克建立起来的导弹试验场连同最优秀的头脑财富，都被美国人抢走了。而苏联当时大部分时间都忙着搜罗战败国的机器、武器等“硬件”，当时把德国有名的西门子、蔡司、克虏伯等公司的机器设备拆除殆尽，悉数运回苏联。由此可见，苏联人喜欢“见物不见人”。

于是，在当时北欧广阔的城市和田野上，出现了一幅截然相反的忙碌景象：苏联人用火车、汽车、轮船、马匹将成千上万的德国及其仆从国的物资和设备昼夜不停、源源不断地拖向东方的苏联；美国人却用标志醒目、声音刺耳的吉普车将一个个举止高雅、步履蹒跚的中老年人准确无误地运送到美军总部。

“阿尔索斯”突击队冒着战火、不惜一切代价，坚持不懈地在废墟中寻找，在难民营中寻找，在地窖中寻找，在俘虏营中寻找……最终，将德国1200多名著名的科技专家一一捕获。到了美国后，他们为了利用这些头脑财富的才能，以十分宽容的态度，不咎既往，给予高薪和优厚的工作及生活条件。正是这些人，对战后美国高科技发展，起到了难以估量的作用。

可以说，“阿尔索斯”突击队是美国政府最早组建的一家“猎头公司”。这是美国为维护国家战略利益，以国家名义，悍然动用军事力量，血淋淋、赤裸裸地直接猎取其他国家高级人才的“国家猎头”行为，带有很强的破坏性、侵略性和掠夺性。

现在，美国由“战争猎头”而形成的一种对人才主动出击的“猎头”意识和文化，迅速成为社会的主流。美国一些大型企业纷纷效仿，在全球范围内寻找和搜猎人才，“猎头”这种方式，逐渐被许多企业接受和实践，并形成一种独特的商业模式。他们像丛林狩猎者一样，到处派专业公司帮他们物色合适的头脑财富。

02 “阿波罗”飞船与大推力“土星”系列火箭

◇

冯·布劳恩到美国后，生活开始安定下来。1947年，他迎娶了自己漂亮的表妹玛丽亚，并定居在亚拉巴马州亨茨维尔市。三个孩子接连降生，家中其乐融融。他还保持着自己早年的生活习惯，喜欢在午夜捕捉工作灵感，喜欢吃中国菜，闲暇时为家人演奏自己擅长的大提琴和钢琴。

曾几何时，这个身高1.76米，有着一双近乎无情的蓝眼睛和一个粗壮下巴的德国人就是科幻小说中无所不知的恶魔型知识分子的现实化身。在希区柯克拍摄于1946年的电影《美人计》中，就尖锐地讽刺了美国政府为了在冷战军备竞赛中超越苏联，不惜求助于纳粹分子的行为，这显然是在暗喻布劳恩。而斯塔利·库布里克在谈及自己“未来三部曲”中那部核时代黑色预言性质的《奇爱博士》时，也明确表示兰德公司负责人冯·诺伊曼与布劳恩正是彼得·塞勒斯扮演的核战狂人“奇爱博士”的原型。

终于，在布劳恩辞世31年后，新一轮太空探索热又将这位“火箭之父”从尘封的档案中请出来，历史学家和公众也开始逐渐公允地抹去曾经涂抹在他身上的浓重的意识形态釉彩。美国国家太空及航空博物馆历史档案部负责人迈克尔·纽菲尔德在近日出版的传记《冯·布劳恩：太空梦想家与毁灭工程师》中，以这样的文字来描述这个矛盾的天才人物：“从 16 岁就沉迷于火箭试验开始，他的所有天赋、决心和热情都只为一个目标而存在：让人类进入宇宙。而纳粹政权利用布劳恩来完成自己毁灭人类罪行的程度，远远不及后者利用前者来完成他开拓人类探索边疆理想的程度。”

布劳恩作为头脑财富来到美国，最初的一段时间是受到监视的，当苏联发射了第一颗人造地球卫星后，艾森豪威尔总统成立了美国航天局。新成立的美国航天局要风得风，要雨得雨，冯·布劳恩担任了新成立的美国航天局马歇尔太空飞行中心的主任，冯·布劳恩如鱼得水。1958 年 2 月 1 日，冯·布劳恩带领团队用“木星-c”火箭帮助美国成功地发射了第一颗人造地球卫星——“探险者1 号”。

布劳恩成了《时代》杂志的封面人物

布劳恩成了《时代》杂志的封面人物，美国总统艾森豪威尔还为他颁发了“美国公民服务奖”。从此，冯·布劳恩在美国才算抬起头来。布劳恩因“探险者1号”的成功而赢得了人们的信任和爱戴，政府和军界也更支持他的航天研究，布劳恩的工作因此更加忙碌。继“探险者1号”上天，布劳恩小组又成功地将“探险者3号”和“探险者4号”送入了轨道。这两颗卫星为研究高空辐射带和核爆辐射反应提供了宝贵的资料，具有极大的科学意义和军事意义。

1961年4月12日，苏联英雄航天员加加林成为第一个进入太空的人，在环绕地球一周后，成功返回地面。美国人觉得大丢面子，于是，美国政府全力支持美国航天局的登月计划。他们把这作为打败苏联的救命稻草，下定决心，一定要在月球上击败苏联，以雪屡屡败北之耻。

1961年5月25日，美国总统肯尼迪在题为《国家紧急需要》的特别咨文中，提出10年内将人送上月球，即“阿波罗”登月计划。阿波罗是古代希腊神话传说中一个掌管诗歌和音乐的太阳神，传说他是月神的孪生弟弟，曾用金箭杀死巨蟒，替母亲报仇雪恨。美国政府选用这位报仇雪恨的太阳神来命名登月计划，其心情可想而知。

为了探明月面情况，选择载人飞船的着陆点，美国先后执行了三个无人探测计划，第一个被命名为“游骑兵”计划。

“游骑兵”计划是用火箭发射电视摄像机到月面上拍照。然而，好事多磨，任何事情都是不容易的。1961年8月发射的“游骑兵1号”在进入地球轨道后，由于最后一级火箭发动不起来，不能飞向月球。3个月后发射的“游骑兵2号”同样没能飞出地球轨道。1962年1月发射的“游骑兵3号”，由于运载火箭的瞄准误差，使它偏离月球37000千米。1962年4月发射的“游骑兵4号”，由于控制系统的毛病，使它撞到月球的背后去了。“游骑兵5号”于同年5月发射，可惜在最后时刻由于发动机突然熄火而前功尽弃。1964年1月发射的“游骑兵6号”飞行一切顺利，只可惜在落向月面时，摄像机失灵，成为扔在月球上的一块石头。直到1964年7月，发射的“游骑兵7号”才取得成功，拍回4316幅月面照片。之后的“游骑兵8号”和“游骑兵9号”也取得了成功。

美国拍摄的月球表面

那么，人类如何登上月球呢？美国的科学家曾提出多种建议，逐渐形成五种方案。经过激烈的辩论，否定了“直接登月法”“地球轨道会合法”“加油飞机法”“月面会合法”等方案，最终采用了约翰·霍博特提出的“月球轨道会合法”。即飞船由服务舱、指挥舱和登月舱三部分组成，飞船进入月球轨道后，两名航天员进入登月舱，登月舱与指挥舱分离后落向月面。完成任务后，两名航天员乘登月舱的上半部升空，与在月球轨道上等待的服务舱和指挥舱会合，然后一起返回地球。

为了实施登月计划，美国准备在三个方面开始进行研究和试验。第一是研制“土星”系列火箭，第二是制造“阿波罗”登月飞船，第三是执行一个过渡的载人航天计划“双子星座”。

美国于1961年首先开始载人太空飞行。1961年5月5日，航天员谢泼德乘“水星3号”宇宙飞船做了一次探索性飞行，仅在太空待了15分钟，未能进入地球轨道。1962年2月20日，格伦乘“水星6号”升空，在轨道上绕地球3圈，历时5小时。到1966年11月，共有4艘“水星号”飞船和10艘“双子星座”飞船载24名航天员进入太空飞行。这些载人航天飞行为美国实施登月计划做了坚实的技术准备。与此同时，美国航天局还在抓紧研制和试验“阿波罗”飞船。

“阿波罗”由指令舱、服务舱和登月舱三部分组成，每次载3名航天员，登月飞行结束后，返回地球的只有指令舱和3名航天员。指令舱呈圆锥形，高3.23米，底面直径3.1米，大小像一部旅行汽车。发射重量5900千克，返回地面时丢弃降落伞等物，重量只有5300千克。服务舱附在指令舱下端，呈圆柱形，直径3.9米，高7.37米，重5200千克，装上燃料和设备后重量约2.5万千克。登月舱接于服务舱下面第三级火箭顶部的金属罩内，它分下降段和上升段两部分，总长6.79米，4只底角延伸时直径为9.45米，重4100千克，如果包括燃料则重14700千克，下降段还装有用于考察月球表面的科学仪器，下降段在上升段飞离月球时起发射架的作用。

03 险象环生的“阿波罗”登月

◇ ……………

美国的“阿波罗”计划中，最让人痛心的是“阿波罗1号”飞船。

1967年1月27日，“阿波罗1号”发生火灾，三名航天员死亡。“阿波罗1号”火灾折射出“阿波罗”计划中的诸多缺陷，飞船不仅在设计上存在瑕疵，而且在管理上也存在麻痹大意等问题。为此美国航天局的登月计划推后了四个月。为了改进飞船，提高“阿波罗”团队的工作效率，美国航天局改变了原来的计划，“阿波罗”4号、5号、6号进行了认真的无人太空飞行测试。之后进行的几次飞行也是只飞不落。

为了登月，冯·布劳恩主持研制了“土星5号”火箭。

“土星5号”是目前世界上使用过的最大、最重、推力最强的运载火箭。它足有110米高，直径10米，总重达3000多吨，能将装满货物的一节火车车厢推送上天。当高度相当于一座36层楼、重量堪比巡洋舰的“土星5号”，在振聋发聩的烟火中拔地而起时，它所带来的震撼可想而知。

“土星5号”运载火箭是一个三级火箭，火箭的第一级有5部F－1型发动机，每台的体积有一辆载重汽车那么大，使用的推进剂是液氧和煤油的混合物。第二级火箭有5部J－1型发动机，使用的是液氢和液氧推进剂，推进剂燃烧完毕后，火箭到达117千米的高度，速度达到6.8千米/秒。第三级火箭只有一台J-2型发动机，使用的也是液氢和液氧推进剂，其速度最终能增加到11.2千米/秒，从而摆脱地球引力，飞往太空。

美国“土星5号”运载火箭

从1967年到1973年，美国人用“土星5号”将12艘“阿波罗”飞船（其中6艘登月）和1座空间站（天空实验室）送入太空，发射无一失败。从1964年至1973年，研制“土星5号”火箭的总拨款高达65亿美元，仅在1966年便高达12亿美元。平均每次发射费用5.4亿美元。它是如此重要和完美，可是后来美国航天局为了发展航天飞机却放弃了它。“土星5号”火箭的最后一次发射是将天空试验室送入太空。若干年后，“土星5号”火箭的设计图纸，在美国航天局的一次卫生大扫除中丢失。

在载人登月的探索过程中，从“阿波罗1号”到“阿波罗6号”进行了6次不载人的近地轨道飞行试验，“阿波罗7号”至“阿波罗9号”完成了3次载人模拟登月飞行，“阿波罗10号”进行了载人登月预演。到1969年5月，共发射了4艘“阿波罗”载人飞船，12名航天员上天进行了登月前的探路预演，包括指令舱和登月舱的会合、对接试验等项目。经过多年努力，人类正式登月飞行的时机已经成熟，“阿波罗”终于迎来了决定性的时刻。

1969年7月15日的晚间，布劳恩回到住所休息，他首先用了一个小时检查第二天的发射程序表。以往他也曾经多次这样做过，但是这一次的意义不同寻常。这一晚上，他睡得不太好，也许是心情激动的原因，天没亮就起了床，凌晨4时就来到卡纳维拉尔角肯尼迪航天中心。

肯尼迪航天中心聚集了大批工作人员。布劳恩走入发射控制中心，询问了一下进展情况，当得知一切顺利后，他走向一张控制台面前坐下，戴上了收送话器，审视了对面墙壁上的几个荧光屏，又看了看控制台上的几个刻度盘，发射马上进入了倒计时。这是一个令人焦急不安的时刻，但布劳恩很平静，操作高度专业化，一切进行得井井有条。

在离发射场八九千米的地方，来自世界各地的要人云集。200多名议员、19名州长、49名市长、69名大使和100多个科学使节，甚至连前总统约翰逊都前来观看这一世界壮举。在场的还有来自世界各地的3000多名记者以及成千上万的美国人和游客，他们一齐把目光瞄向远方的蓝色天空，因为他们都意识到，自己即将目睹人类重大历史事件发生的经过。

距离发射只有几分钟了，三名航天员走下高高的人行栈桥，进入高大的火箭顶端的控制舱，顿时发射中心的气氛紧张起来。

这三名航天员的选择是精心安排的：他们都出生于1930年，都结了婚并有子女，都驾驶过“双子星座”飞船。同时，从技能、品德等各方面看，他们也是理想、合适的搭档。

阿姆斯特朗学生时代成绩优秀，参军后，是一名优秀的海军飞行员，具有超群的飞行技能。他这个人的运气实在好，他所有的飞行生涯可以用有惊无险来形容。

1951年9月，在朝鲜战争的一次战斗飞行中，他的飞机撞上了电线，被电线切去一段机翼，他靠弹射成功自救。他曾驾驶X－15火箭飞机创造过飞行高度和速度纪录。1966年3月16日，他担任指令长与斯科特在“双子星8号”飞船飞行中，表现出非凡的勇气和智慧。当飞船与“阿金纳”对接舱对接时，由于一枚反推火箭发生故障，两个航天器乱蹦乱转，在这危急时刻，他沉着冷静，果断迅速地脱离对接，驾驶飞船紧急降落在太平洋上，避免了一起事故的发生。1968 年，阿姆斯特朗在阿灵顿空军基地进行登月舱着陆试验时，训练飞行器突然坠毁，阿姆斯特朗再一次在极短的时间内跳伞获救……阿姆斯特朗的飞行技巧和处理突发事件的冷静态度，为他赢得了第一次登月的荣誉。

阿姆斯特朗 2012 年 8 月 25 日因心脏搭桥手术后的并发症逝世，享年 82 岁。他逝世后，美国航天局呼吁大众“对月亮眨眨眼睛向他致敬”，这可能是最浪漫的哀悼方式，人们也借此重温那段追寻太空梦的历史。“阿波罗”载人登月计划虽然是美国与苏联竞赛的冷战产物，但也是人类飞向太阳系的第一步。

奥尔德林毕业于西点军校，后来又在麻省理工学院获航空博士学位，被称为在太空执行任务中最有科学头脑的人。

科林斯的父亲是一名驻外使馆的将军。科林斯性格活泼，精力充沛，充满热情，善于与人合作，在这次登月中他甘当配角。

阿姆斯特朗、科林斯、奥尔德林

通信员的声音开始进行最后的计数：“十……九……八……”紧接着，“土星 5 号”火箭第一级的 5 台发动机以巨大的推力猛烈地冲击着发射架，这一推力相当于北美洲全部河流发电总量的两倍。火箭发射时产生的震动 10 秒钟以后传到 5 千米外的看台，使整个建筑嘎吱作响，附近许多玻璃被震碎。有史以来最宏大的航天发射场面惊呆了现场的所有人，连最老练的记者也都瞠目结舌，以至于美联社和合众社的电视转播很长时间里没有现场解说。

在震耳欲聋的轰鸣声中，巨大的白色火箭徐徐上升，速度越来越快，最后消失在云层中。从广播里传来的声音：一切系统运转正常。由布劳恩和政府与工业界 15 万名工程师和技术人员研制的巨大火箭，正飞向月球……

在以后的三天中，航天员阿姆斯特朗、奥尔德林和科林斯勇敢地进行着历史上最冒险的旅行，全世界的人都心急如焚地等待着来自月球的佳音。

巨大的“土星 5 号”抛下了第一、二级助推器，在第三级第一次点火后，进入了绕地球的驻留轨道。航天员和地面人员对全部系统进行了最后的检查，确认无误，做出了飞向太空的最后决定。7 月 16 日中午 12 时 16 分，飞船飞越太平洋上空的时候，进行第三级第二次点火，把“阿波罗 11 号”航天器推向飞向月球的轨道。这时冯·布劳恩目不转睛地注视着仪表盘和显示屏。飞船的工作情况极好，当分秒不差准时停车得到证实时，整个发射控制室充满了欢乐的气氛。

中午 12 时 40 分，地面指挥中心下达了“阿波罗 11 号”与“土星”火箭分离的命令。分离成功以后，由指挥舱与登月舱组成的联合航天器继续向月球做惯性飞行。航天员在空中做无动力飞行的同时，布劳恩赶往休斯敦飞行控制中心。在漆黑漫长的宇宙空间，“阿波罗 11 号”的飞行持续了整整 3 天。

美国“阿波罗”飞船

7月19日，星期六，下午1时26分，飞行器的火箭发动机再次点火，把飞行器送入绕月球的椭圆轨道。航天员们绕着月球转了4个多小时，下午5时42分，发动机再次点火，将“阿波罗11号”送入一条精妙的轨道，这条轨道将在距离月球100多千米的高度掠过。

7月20日下午1时42分，航天员阿姆斯特朗和奥尔德林进入登月舱，为即将的登月进行准备。这次飞行的决定性时刻来到了，人们纷纷守在收音机和电视机旁，等待着这历史性一刻的来临。

下午3时12分，一切准备就绪，登月舱发动机点火，飞行器开始控制向月面的降落。飞行控制中心的闪光指示灯不停地闪烁，这表明登月舱在不断地下降。

距离降落还有20秒时，阿姆斯特朗和奥尔德林突然发现登月舱自动选择的降落点是一个大坑，坑内满是石头。如果降落遇到了大石头或者落在斜坡上，登月舱都很可能损毁或者倾覆。无论出现哪种情况，登月舱都不可能再次点火升空，两名航天员将永远无法返回地球。

阿姆斯特朗马上操作飞船调整降落轨迹，最后降落在7千米以外的平地上。这时阿姆斯特朗的心跳达到每分钟156次。

这时，阿姆斯特朗的声音传到了地球：“这里是月面静海基地，‘鹰’着陆成功！”飞行控制中心立刻充满欢乐，而布劳恩的眼睛也湿润了。

然而这一切并没有结束。两名航天员开始检查重新安全地升入轨道和指挥控制舱对接的一切复杂系统，然后，他们为走出飞行器、踏上月球做准备。

1969年7月20日美国东部夏令时晚上10时56分，阿姆斯特朗走出舱门，走到舷梯的最后一级上，伸出他的脚，在月球上踩了人类第一个脚印，同时他说了一句不朽的话：“这一步对一个人来说，是小小的一步；

人类登月脚印

对于整个人类来说，将是巨大的飞跃！”

19 分钟后，奥尔德林也爬出登月舱，来到了月球表面。出舱时，他担心被锁在舱外，小心地虚掩了舱门。这个动作成为教育后来的航天员在任何情况下都要注意各种细节的经典案例。

全世界有几亿人通过电视信号看到了睡梦中也无法见到的独特风景。月球表面一片荒凉，看不到任何生命存在的迹象。太阳光照亮了月面上的石块和沙砾，但背景的天空里一片漆黑，无数星星宛如黑幕上的宝石，但丝毫没有从地面上看到的闪烁现象。抬头仰望，美丽的地球悬挂在天空，如同一轮蓝色的月亮。

由阿姆斯特朗拍摄的奥尔德林

阿姆斯特朗和奥尔德林在月面上活动了约两个半小时。他们先是竖起了一面美国国旗，然后在月面上放置了一台激光反射仪、一台月震仪和一个用来捕获太阳风粒子的铝箔帆。他们还在月面上挖了一勺月球土壤样品，并把它装入塑料袋，放进左裤袋内，以保证如发生意外而紧急返航时不会无功而归，接着，他们又采集了 22 千克的月球土壤和岩石的标本。

他们在月球上安放了一块金属纪念牌，牌上写着：“公元 1969

年7月，来自行星地球上的人类首次登上月球，我们是全人类的代表，我们为和平而来。”

签名：尼尔·阿姆斯特朗（航天员）

迈克尔·科林斯（航天员）

埃德温·奥尔德林（航天员）

理查德·尼克松（美利坚合众国总统）

在纪念牌上竟然还有美国总统尼克松的签名，这很容易让外星人误解，以为他也上了月球。

登月舱外的电视摄影机记录下他们的壮举，并把信号发回地球。地球上，成万双眼睛在注视着他们三人，并且为之欢呼雀跃，因为这次不是科幻小说，不是科幻电影，而是千真万确的，三位航天员的英雄行动将永载史册。对于布劳恩来说，今天所获得的梦想实现，是与其学识、天资和勤奋密不可分的，正如这三位功勋航天员后来合著的一本书的题词中所写的：

献给布劳恩：是您的主张和预言，您的宣传和研究，您的扶持和促进，使我们捷足先登月球。

表面上这三名航天员风光无限，但鲜为人知的却是危机重重，因为登月航天员最大的危险来自登月舱，没人知道它能否成功带航天员飞离月球返回地球。

第一个危险出现在飞船起飞前4小时，“土星5号”出现了燃料泄漏，只要有一个小火星就能摧毁火箭和发射场内所有人员。

第二个危险是在飞船内和飞船外出现了神秘闪光，控制中心说是高速重粒子，它能够穿透飞船和人体。

第三个危险是关键时刻电脑死机，就在飞船着陆月球的关键时刻，飞船上的计算机突然死机，不断显示错误代码。奥尔德林回忆说：“无论我们怎么调整，计算机都不断发出警告。”原来着陆雷达提供的信息超过了飞船计算机的承载量，过多信息进入计算机。这一意外把登月舱里的航天员惊得目瞪口呆，所幸他们想办法解决了这一问题。

第四个危险是引擎燃料严重不足。航天员必须在15秒内登月，否则将会坠毁在月球或永远也别想飞出月球。平时训练时间是10

分钟，幸亏航天员技术好，他们在15秒内完成了登陆。

第五个危险是他们在返回时，发现启动引擎的开关少了一个，没有这个开关，他们将永远留在月球上。奥尔德林找到了一支圆珠笔，用笔接好电路，启动登月舱，离开了月球。奥尔德林至今仍然保存着这支救了他们性命的圆珠笔。

阿姆斯特朗和奥尔德林在月面上共停留了21小时18分钟，其中舱外月面活动为2小时31分钟。他们在月面上留下两套价值60万美元的航天服、两双价值8000美元的套靴和价值7万美元的摄影机等不需要的设备和杂物。7月24日中午，“阿波罗11号”飞船安全降落在南太平洋湛蓝的海水中。

美国“阿波罗15号”飞船为航天员增添的新工具——月球漫游车

尼克松总统是个太空迷，在“阿波罗 11 号”降落太平洋的时候，他亲自赶到“大黄蜂号”航空母舰迎接登月航天员。两年半后，尼克松总统访问中国的破冰之旅，也被人形容是登月之旅。

后来，“阿波罗 12 号”“阿波罗 14 号”“阿波罗 15 号”“阿波罗 16 号”“阿波罗 17 号”都成功登月。只是“阿波罗 13 号”因为储氧罐爆炸，只能近距离从月球背面飞掠，却无缘登上它。6 艘“阿波罗”飞船载 18 名航天员参加了登月活动，共有 12 名航天员登上了月球，在月面开展了一系列实地考察活动。其中包括采集月球土壤和岩石标本，在月面建立核动力科学站，驾驶月球车试验等。他们在月面共停留 302 小时 20 分钟，行程 90.6 千米，带回 381 千克月球土壤和岩石样品，实地拍摄了月球照片，初步揭开了月球的真实面貌。

04 “阿波罗”登月是骗局吗？

◇

俄罗斯研究人员亚历山大·戈尔多夫曾发表了题为《本世纪最大的伪造》的文章，对美国1969年所拍摄的登月照片提出了许多质疑。他认为，所谓美国航天员在月球上拍摄的所有照片和电影纪录片都是在好莱坞摄影棚中伪造出来的。戈尔多夫还强调，他是经过对所有登月照片进行长期的认真的科学分析和认证之后得出这一结论的。无独有偶，曾经参与过“阿波罗”计划的美国科学家比尔·凯恩则更是抛出了一记重磅炸弹，在他正式出版的《我们从未登上月球》一书中，有理有据地指出，“阿波罗”计划欺骗了全世界，所有的影像资料只不过是在南极大陆上的模拟月球试验场上拍摄的，美国航天员从未登上月球。此言一出，可谓惊世骇俗，一石激起千层浪，美国公众对“阿波罗”计划的质疑也达到了数十年来的顶点，据一项权威民意调查显示，有近2500万美国人表示不相信“阿波罗”行动是真实的。更耐人寻味的是，美国国家航空航天局（NASA）竟然对此风波始终缄默不语，越发使人迷惑不解。

其中最著名的一个疑点，就是当年航天员登月后在月球插下的美国国旗，照片显示这面国旗仍在“飘扬”——这是让人难以置信的一幕，因为月球没有大气，几乎是真空状态，根本不可能有风。

月球上的星条旗在迎风飘扬

还有人指出，其他登月照片“也有问题”。在一张照片中，航天员影子长短不一，显示现场有超过一个的光源。而月球表面只有太阳一个光源，而且不是近距离照射，所以另外一个光源必定来自拍景用的射灯。另外，在这幅照片中，两名登陆月球的航天员都在照片之中，但当时登陆月球的只有两人，而在照片拍摄的这个角度，很难想象会是自动相机所摄，况且当时登月飞船根本没带自动相机，那么是谁拍摄下的“合影”呢？——质疑者开玩笑说可能是“上帝”或者“外星人”所拍的吧。

让人质疑的“合影”

航天事业是一个失败率极高的事业，人类第一次登月球，到底能不能成功，谁心里都没有谱。美国在登月之前的实验中还出了事故，死了人。如果美国这次登月失败了，那美国岂不是在全世界人面前丢大了人？美国政府的声誉和威信都将受到打击，美国民众“老子天下第一”的自豪感也会受到打击，在和苏联的对抗中又将失败一回。另外，月球上到底有什么东西大家都不知道。美国和苏联之前也只是发射了几颗绕月球转的人造卫星而已。那时的人造卫星只能对月球表面的地形地貌进行大致的观测，具体月球上有什么金银珠宝，还是遍地铀－235，还是有什么动植物，谁都不知道。但是，美国却进行了登月现场直播。这不免让人怀疑。

数十年来，人们对“阿波罗”计划真实性的怀疑从未消失过，20 世纪 80 年代的美国电影《摩羯星一号》就影射“阿波罗”计划可能是场骗局。最有代表性的是比尔·凯恩在其著作中对登月照片提出的几个疑问：月球没有大气层，因而也就没有空气折射的问题，那么应该清晰地看到月空中群星闪耀的图景，可是美国航天局提供的照片上却看不到一颗星星；照片中近景一块石头上面似乎有一个 C 字，分明是电影道具。登月飞船降落在月球表面时，应该有巨大的粉尘被推进器吹起，可是在照片上和纪录片中显示的月球陆地表面却平静如常；一些登月照片上的穿凿痕迹明显，在远景和近景之间有一道十分隐蔽的线，使人怀疑是否是采用了电影特技中的“褪光扫描法”，即先画出远景再用光影予以掩饰。一些天文爱好者也指出，即使是在地球上，喷气式飞机的引擎可以将鸡蛋大的石头吹出几十米远，可是在引力弱得多的月球上，登月舱在登陆时至少会吹动极其壮观的烟尘，定是飞沙走石才对，可是在提供的录像上却恰恰相反。

在戈尔多夫和凯恩的著作问世后，网络上掀起了关于“阿波罗”计划的争论，“阿波罗”计划骗局说的支持者又提出了以下观点和证据：

第一，“阿波罗”计划的登月照片是伪造的。根据在月面所拍摄照片上的阴影计算的太阳入射角和美国航天局所公布的航天员在月面活动时间、坐标点与月相周期比较，发现有十分明显的相悖之处。反对者指出：以“阿波罗 11 号”为例，登月点是在月球上的静海，东经 23.5 度，北纬 0.6 度，从地球发射时间是 1969 年 7 月 16 日格林尼治标准时间 13 时 32 分，在月球上的舱外活动时间约两个半小时，是从第 109 小时 7 分 33 秒到第 111 小时 39 分 13 秒。据计算，阳光与月面间的入射角只有 6 度到 7 度，几乎紧贴地平线。但是，“阿波罗 11 号”那张美国国旗插上月球的照片显示，阳光入射角大约有近 30 度，显然不合逻辑。

航天员站在阴影里，浑身却雪亮，身后难道有单独的人造光照耀?

第二，登月录像也是伪造的。经过对“阿波罗”登月录像进行分析，有人提出录像带中的航天员在月面上的跳跃动作、高度与在地面上的跳跃动作、高度相同。而月球上重力是地球的 1/6，应该轻易地比地球上跳得高 6 倍、远 6 倍。可是从录像上看，航天员跳离地面还不到一米远。

第三，登月计划的工程进度有悖常理。1967 年 1 月，“阿波罗 1 号”才刚刚研制出来，技术可谓极不成熟。在进行登月舱充纯氧试验时，电线碰擦引起大火，导致三名航天员被烧死。随后便进行了诸多重大的改进，登月计划的硬件技术研制被迫推迟了一年多，可是才到了1969年7月，在如此之短的时间内，就一次登月成功，从技术层面看，令人难以信服。

第四，用来运载“阿波罗”登月飞船的火箭“土星5号”为何被弃而不用？“土星5号”运载火箭功率巨大，其技术成就超过时下的各类型火箭和航天飞机，但是却被废弃，甚至连图纸也没有保存下来。更令人诧异的是，美国直到今天都没有合适的运载工具把空间站送上地球轨道，就是因为没有功率强大的运载飞行器，现代航天飞机也只不过一次把不超过二十吨小载荷送入地球低轨道，而20世纪60年代就研制出来的“土星5号”，传说可以轻而易举地把100吨以上载荷送至地球轨道，把几十吨物体推出地球重力圈，用于发射空间站应该轻而易举。登月前后的5年间，美国共发射了17个“土星5号”用于运载“阿波罗”宇宙飞船，成功率达100%！以如此优秀的表演记录，竟然退出江湖，着实令人费解，美国航天局至今只是以“土星5号”制造成本太高为由作答。

第五，如何解释宇宙空间的辐射对航天员的影响？今天人们都知道，外太空有各式各样的宇宙辐射，有些可能致命。一般的核电站都是用几米厚的铅块加混凝土层阻挡可能的核辐射泄漏，让宇宙飞船采用几米厚的金属层来抵挡辐射显然不现实，而航天员穿的那十几毫米厚的航天服对阻挡高能射线根本没有作用，当年登月的时候这个致命的问题又是如何估算和解决的呢？

第六，阿姆斯特朗的脚印可能吗？正如凯恩指出的那样，登月舱降落月面时，必然会吹起巨大的粉尘，那么照片上阿姆斯特朗的第一个脚印又如何来得那么清晰？而且出于避开巨大的沙尘的考虑，降落在月球岩石平面才是最佳选择，如果确实如此，那脚印又从何而来？对此美国政府一直没有明确回答。

质疑者们还提出了许多其他问题，比如，温度对摄像器材的影响：月面白天温度高达250华氏度，照片显示，航天员所用相机是裸露在航天服之外的，没有任何保温设施。胶卷在150华氏度即受热卷曲而失效，怎么可能拍出照片呢？

当然，捍卫“阿波罗”登月壮举真实性的声音也坚决回击，针对凯恩所说的照片中没有星光的问题，一些著名摄影家指出，在夜间拍摄晴朗的月亮时，大概的曝光组合为 F5.6、1/2 ~1 秒、ISO100（视大气能见度而定），这时夜空中的星星在底片上是不会留下痕迹的。即使是夜空中最亮的星星，如猎户座的天狼星也需曝光在 2 ~3 秒以上，而且留下的也只不过是该星的运动轨迹。月面的摄影环境其实就是把地球的白天和黑夜一起置于相机前，是两种完全不同的对立的选择，根本不可能拍出常规意义上的效果，二者只能居其一，因此登月照片造假说不能成立。照片中呈现的光亮程度和明暗对比不协调的问题，不可能是由于造假时使用人工光源所致，最直接的理由就是登月舱的表面本身就是巨型的反射光源，把太阳光反射到月面导致明暗对比度不均匀。

反造假者则说，从“阿波罗”登月之举的人文环境来说，美国政府造假所冒的风险太大了。当年的登月过程曾经对全球进行实况转播，造假一旦暴露，信誉损失不堪设想；况且“阿波罗”计划涉及数万名工程技术人员，想要堵住他们的嘴谈何容易？如此之多的科学家不会拿自己的人格开玩笑。其次，美国新闻界是讲信誉的，其强大的舆论监督能力也绝不会容许这样的弥天大谎上演。再者，造假说的支持者们所提供的证据仅仅是对一些照片和录像资料的技术分析，并不必然推导出“阿波罗”计划是虚张声势的骗局的结论。

真假之争至今尚未平息，但对于“阿波罗”计划和一切类似的与科技工程有关的政府行为进行重新评价似乎已是不可避免，争论本身即表明，美苏冷战时代留给新世纪的种种人类文明的辉煌记忆在某种程度上归功于政府过分炫示的功效，美国航空航天局迫于压力已经承认，登月计划的部分照片中确实有矫饰和伪造的成分。那么，2500 万美国人表示不相信登月壮举确有其事也就不足为怪了。

05 闻名遐迩的美国运载火箭

◇ ……………………

美国的运载火箭是非常先进的。把美国第一颗人造卫星“探险者1号”送上太空飞行的，是由著名火箭专家冯·布劳恩主持研制的“丘比特C”运载火箭。1958年2月1日，布劳恩用“丘比特”导弹改装的运载火箭的发射成功，开辟了美国征服太空的新纪元。

此后，美国先后用几种中程和洲际导弹，经过改进，研制成“雷神”“宇宙神”“德尔塔”以及“大力神”等几种不同用途的运载火箭。

“雷神”运载火箭

“雷神”运载火箭总长23.2米，最大直径2.44米，起飞重量56吨，能把700多千克的卫星送上高500千米左右的地球轨道。为了增加运载能力，有时在它周围捆绑上3台固体助推火箭，使其运载重量提高到1吨。“雷神”是美国早期发射小型卫星的运载火箭，从1959年以来已经发射400多次，现在已经不常用了。

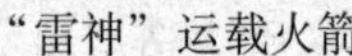
“雷神”运载火箭

“宇宙神”运载火箭

“宇宙神”系列运载火箭

“宇宙神”系列运载火箭由美国通用动力公司制造，已连续生产30多年。火箭长25.1米，直径3米，起飞重量120吨。目前，经常使用的是“宇宙神－阿金纳D号”和“宇宙神－半人马座号”两种型号。前者重129吨，能把2吨重的有效载荷送入500千米高的地球轨道；后者重139吨，近地轨道的最大运载能力为4吨。它们除了作为“月球号”和“火星号”星际探测器的运载工具外，还用来发射通信卫星和“水星号”载人飞船。自1959年以来，已经发射500多次，是使用最广泛的一种运载火箭。

“德尔塔”系列运载火箭

“德尔塔”系列运载火箭由美国麦道公司研制生产，至今已经发射180多次。“德尔塔”三级火箭有两种型号，总长38.4米，起飞重量分别为220吨和230吨。一种同步转移轨道运载能力为1.4吨，另一种的同步转移轨道运载能力为1.8吨。“德尔塔”火箭于1960年5月首次发射，它先后发射过“先驱者”探测器、“泰罗斯”气象卫星、“云雨号”卫星、“辛康号”卫星、国际通信卫星等。

“德尔塔”运载火箭

“大力神”运载火箭

“大力神”系列运载火箭

“大力神”系列运载火箭由美国马丁·玛丽埃特公司研制生产，共有六种型号。其中，“大力神3”火箭长45.75米，直径3米，发射重量680吨。各型“大力神”火箭的有效载荷分别是：3A为3.6吨，3B为4.5吨，3C、3D和3E均为15吨。最大的“大力神3D”长达62米，最大直径5米，发射地球同步轨道卫星的运载能力达4.5吨。“大力神”系列运载火箭至今已经发射150多次，它主要发射各种军用卫星，也发射了“太阳神号”“海盗号”“旅行者号”等行星和星际探测器。

目前，“宇宙神”“德尔塔”和“大力神”运载火箭已进入国际发射市场。

美国的佛罗里达州卡纳维拉尔角肯尼迪航天中心被人们称为人类通往太空的大门。它濒临大西洋，地理条件优越，1947年辟为火箭试验发射场。这里是美国本土最接近赤道的地区，又在美国的边缘，面临浩瀚的海洋，纬度低，可以借助地球自转来提高火箭的运载能力。其东南射向 8000 多千米的航线上岛屿星罗棋布，是理想的跟踪测量站站址，射向面临大海，没有人口密集的忧虑，飞行中的火箭万一发生故障，也不会出现安全问题。从美国第一颗人造卫星到举世瞩目的航天飞机，都是从这里起程飞上太空的。

肯尼迪航天中心南北长 56 千米，东西宽 20 千米，中心包括技术阵地和发射阵地两大部分。在技术阵地建有火箭及卫星、飞船组装检测厂房。特别引人注目的是装配大楼，其容积 360 万立方米、高 160 米，楼内备有各种先进的测试仪器和显示、记录设备。发射阵地建在 5 千米外，拥有发射控制中心和发射台。整个航天中心有 23 个发射阵地，其中著名的 39 号发射阵地有 A、B 两座发射台，当年美国的“阿波罗”载人登月飞船，以及后来不幸遇难的“挑战者号”“哥伦比亚号”航天飞机，还有“亚特兰蒂斯”“发现号”“奋进号”等航天飞机都是从这里飞向太空的。

06 大出风头的航天飞机

◇

美国航天局“把火箭放到飞机上”的创意诞生了航天飞机。

航天飞机虽然冠有飞机之名，但它与传统的飞机是完全不同的。航天飞机是一种可以多次重复使用的有翼式载人航天器，外形类似于普通的飞机，能够垂直起飞，可在一般机场降落。它由两枚固体燃料助推火箭、外储箱和轨道器三大部分组成。其主体是轨道器。轨道器可重复使用100次，轨道器上的主发动机设计可重复使用50次，固体助推火箭设计可重复使用20次，外储箱是一次性的。

轨道器是整个系统中唯一可以载人、真正在地球轨道上飞行的部件，是航天飞机的主体。轨道器与一架大型喷气式客机的大小差不多，有机身、三角形机翼和垂直尾翼等，但它经历的飞行过程及飞行环境比普通飞机要严酷得多。

轨道器的机身前段是乘员密封舱，乘员组一般是7人。其上层是驾驶舱，中层是生活舱，下层是仪器设备舱。机身中段是有效载荷舱，直径4.6米，长18.3米，可装20～30吨货物。舱内装有遥控机械臂，可用于装卸卫星等货物，最远可伸到15米远的地方。机尾有3个以液氧、液氢为推进剂的主发动机，总共能产生6272千牛推力，还有2台变轨发动机，每台可产生26.46千牛的推力。

航天飞机起飞时，要将固体助推火箭和轨道器的火箭发动机同步点燃，带动推进剂储箱一起上升。当升到 40 千米的高空时，固体助推火箭的燃料燃尽后便会脱落，并张开降落伞在海面上回收，以备再次装填燃料使用。轨道器推进剂储箱会继续上升，当升到 100 千米左右高空时，储箱内的推进剂烧完后脱落抛弃。然后，轨道器继续上升，飞入太空并进入工作轨道。从航天飞机升空的过程看，它相当于一个三级火箭。只不过它的末极火箭是由一个具有飞机外形的轨道器组成的。当航天飞机在太空完成使命后，即会脱离轨道，向地面返回。最后，航天飞机在低空大气中滑翔而下，水平降落在特定的机场上。

航天飞机是人类把航天与航空技术有机结合起来的创举。航天飞机由起飞到入轨的上升阶段运用了火箭垂直起飞技术，在太空轨道飞行阶段运用了航天器技术，在再入大气层的滑翔飞行阶段运用了航天航空组合技术，在进场和水平着陆阶段运用了飞机技术。因此它能完成多种任务。

航天飞机可以经常变换轨道，机动灵活。航天飞机在太空战中有着重要的作用，它不仅是一般的交通运输工具，还是进行现代战争的重要武器。首先它可以用来发射一系列军用人造天体，如：通信卫星、全球定位导航卫星、侦察卫星、气象卫星、导弹预警卫星以及其他试验装置。其次，航天飞机本身就是一种性能优越的太空侦察机。美国的航天飞机可以在轨道上工作 7 天到 1 个月，与短期的航天站没有什么差别。机上配有高分辨率的照相设备，能够清晰地发现和识别地球上绝大部分军事目标。航天飞机还可以灵活地做变轨飞行，降低飞行高度，做长期载人军事侦察，除了用眼睛监视外还可以用耳朵监听。航天飞机实际上还是一种可怕的进攻型武器。比如，用它做载人战略轰炸机，它可以在 45 分钟内飞抵地球上的任何一处，把核弹投向指定地点。

航天飞机捕获卫星的本领更是拿手。它不仅可以回收自己的卫星，还可以摧毁敌方的卫星。航天员可以利用航天飞机施放卫星，为自己的卫星补充燃料、更换胶卷、拆换仪器、窃取敌卫星拍好的胶卷和录有信息的磁带，也可以回收和检修各种卫星，并可以携带各种反卫星武器以及机械手拦截、摧毁和捕捉敌方的各种航天器。

航天飞机是一种具有极大潜力的战争武器。

美国航天飞机施放系绳卫星

美国把航天飞机看成是继“阿波罗”登月后空间时代的第二个里程碑。但是，航天飞机十分昂贵，每次发射费用高达4亿~5亿美元，返回地面后要进行大量的维修工作，飞行间隔很长，每年仅能进行5~6次飞行，更遗憾的是它并不安全，最大的安全隐患就是航天飞机没有中、高空救生设施。截至2011年2月，美国5架航天飞机共飞行了133架次，但已经损失了2架，牺牲了14名航天员。所以，航天飞机目前只称得上是当代世界上用途很广，但成本很高、风险很大的大型运载工具。随着科技的发展，自2011年2月开始，美国现役三架航天飞机“发现号”“奋进号”和“亚特兰蒂斯号”依次执行最后一次飞行任务，到2011年7月21日全部退役。这标志着服役30年的航天飞机已告别世界载人航天的舞台。

我们来看一下美国的五架航天飞机。

“哥伦比亚号”航天飞机

世界上第一架航天飞机是“哥伦比亚号”。1981年4月12日，美国航天员约翰·扬和克里平乘“哥伦比亚号”首航试飞成功，开创了载人航天的新纪元。

“哥伦比亚号”航天飞机名字的由来，是为了纪念一艘穿越太平洋航行的美国船只“哥伦比亚号”帆船。该船曾从波士顿起航，横穿太平洋，到达中国广州，向当地人兜售了一船的水獭皮。由于这艘“哥伦比亚号”帆船的名字十分动听，常给人一种柔美的感觉，所以后来美国海军第一艘军舰被命名为“哥伦比亚号”，再后来美国航天局“阿波罗 11 号”飞船指令舱也被命名为“哥伦比亚号”，1981 年美国航天局第一架航天飞机又被命名为“哥伦比亚号”。

1981 年 4 月 12 日凌晨两点多，“哥伦比亚号”静静地矗立在美国肯尼迪航天中心的 39A 号发射阵地上。7 时整，“哥伦比亚号”的尾部发出闷雷般的巨响，冒出一股强大的浓烟，接着，一条火龙从发射台上腾空而起，直刺蓝天。大约在 40 千米的高空，固体燃料助推火箭燃烧完毕，与航天飞机分离，空壳用降落伞减速，坠落在海上。那里，美国的“自由号”和“自主号”回收船已恭候多时。

美国“哥伦比亚号”航天飞机发射

“哥伦比亚号”在主发动机推动下继续上升，在进入轨道之前，又将推进剂储箱抛掉，进入预定的太空轨道。分离后的推进剂储箱进入大气层自行坠毁。

“哥伦比亚号”入轨后，主发动机熄灭，只启用两台小型火箭发动机来控制机动飞行，调整其姿态，直到它进入正确的飞行状态为止。这一切，“哥伦比亚号”都做得完美无缺。

经过50多个小时的飞行后，“哥伦比亚号”开始重返大气层，它已经环绕地球飞行了36圈。

4月14日，“哥伦比亚号”在加利福尼亚的爱德华空军基地着陆了。

“哥伦比亚号”着陆后，地勤人员立即用电风扇吹散了航天飞机上有毒的气体，着陆后63分钟，在确信没有任何危险后，舱口盖打开了，约翰·扬疾步走下舷梯，兴奋地在空中挥着手，为首航成功而欢呼。

然而很不幸的是，2003年2月1日，“哥伦比亚号”航天飞机在执行第28次任务重返大气层时，与控制中心失去联系，并且在不久后被发现在德克萨斯州上空爆炸解体。美国航天局失去了这架航天飞机和它上面的7名航天员。

美国“哥伦比亚号”航天飞机解体

“挑战者号”航天飞机爆炸

“挑战者号”航天飞机是美国第二架实用的航天飞机，它是以曾经航行于大西洋和太平洋的英国研究船“挑战者号”为名的。

1983年6月30日，在它的第三次飞行中，首次实现了夜间发射和夜间着陆，并且第一次载送5名航天员进入太空，这意味着航天飞机不论白天黑夜都能发射上天，已经成为全天候的太空武器平台。1984年2月3日，“挑战者号”开始了第四次飞行，于2月21日按时返航。这次飞行首次实现了人在太空中自由行走。2月7日这天，航天员麦坎德利斯身背喷气推进器，大胆解开安全带离开座舱，飞离航天飞机97米远，历时90分钟。2小时后，另一名航天员斯图尔特也解开安全带离开座舱，飞离飞机92米远，历时65分钟。这次试验的成功，为太空回收和修理卫星以及在轨道上进行永久性的航天站的建设铺平了道路。

1986年1月28日，在美国肯尼迪航天中心发射场上，寒风凛冽，气温连日来都在0℃以下。此时，挂满了冰凌的“挑战者号”航天飞机，巍然屹立在当年发射“阿波罗”登月飞船的39号发射阵地上。由于天气奇冷，“挑战者号”航天飞机因故障已经连续数天推迟升空。它那巨大的外部燃料箱格外引人注目，专家们知道，前部装着14万加仑的液氧，后部装着38.5万加仑的液氢，中间有一个隔开的装置，它们通过管道和涡轮泵同时将液氢和液氧送入“挑战者号”航天飞机的三台主发动机。罕见的低温并没有降低美国公众的热情，成千上万来自全国各地的人远远地站在看台上，期盼着美国航天飞机的第25次升空。同时，世界各地更多的人则坐在电视机前，收看“挑战者号”发射时的壮观场景。在看台上，除了热情的观众外，还有19名中学生代表，他们既是来观看航天飞机发射的，又是来欢送他们的航天员老师麦考利夫的。1984年，美国航天局曾邀请教师参加太空飞行，以证明普通人也能安全地飞上太空。

上午11时38分，随着那激动人心的倒计时的结束，“挑战者号”主发动机发出了震耳欲聋的轰鸣声，随后，它拖着火柱，像一条火龙般腾空而起，直冲云天。顿时，发射场的看台上掌声雷动，呼声如潮。这是该机1983年4月4日首飞后的第十次飞行，也是美国航天局第55次载人航天飞行。

“挑战者号”顺利发射，7秒钟后，飞机翻转，16秒钟时，机身背向地面，机腹朝天完成角度转变，59秒时，高度1万米，主发动机已全速工作，助推器已经燃烧了近 450 吨固体燃料。此时，地面控制中心和航天飞机上计算机显示的各种数据均未见任何异常。

在机舱里，7 名男女航天员正坐在两个防护板旁，用安全带固定在有衬垫的座位上，他们面向蓝天，背对大海，按规定做着各种动作。这 7 名航天员将永载史册。

65 秒时，指令长斯克比向地面报告:“主发动机已加大——”这是地面中心收听到的最后一句话。

第 73 秒，“挑战者号”高度 16600 米，航天飞机突然闪出一团橘红色亮光，外挂燃料箱凌空爆炸，航天飞机被炸得粉碎，两枚失去控制的固体助推火箭脱离火球，喷着火焰开始乱飞，肯尼迪航天中心负责安全的军官比林格手疾眼快，在第 100 秒时，通过遥控装置将它们引爆。据悉，爆炸碎片的一段残舱中有机组人员，他们在爆炸发生后显然仍然清醒。当残片从 16600 米的高空坠落到海面上时，由于没有降落伞，他们在撞击水面时迅速死亡……

美国“挑战者号”航天飞机爆炸

时间凝固了，在观众席上的人们和全世界坐在电视机前的亿万观众，亲眼目睹了这一人类历史上最惨的空难全过程。看台上，片刻的惊愕过后，痛哭声顿时响成一片。当麦考利夫的父亲科里根明白过来后，伸手搂住了他那神色凄迷、老泪纵横的老伴儿格雷斯……

美国“挑战者号”上的遇难者

这是一起航天史上的大悲剧。

麦考利夫是一名来自新罕布什尔州康科德的中学女教师，是“挑战者号”7名航天员之一，预期成为宇宙中的第一位普通公民。

“发现号”航天飞机

“发现号”航天飞机是美国第三架实用的航天飞机。1984年8月30日“发现号”首航，航天员释放了3颗通信卫星，其中一颗是军用高级间谍卫星，能跟踪苏联试验飞行中的导弹轨迹、截取遥测信号、分辨电台及雷达发出的信号，并能监听欧、亚、非广大地区的通信联络信号，它比美国原有的电子侦察卫星的收集能力大2~3倍，因此美国对“发现号”的飞行采取了极端保密的措施。

“发现号”的命名，源自一艘18世纪的英国探险船。在伴随著名的詹姆斯·库克船长的探险中，“发现号”探险船完成了包括发现夏威夷群岛、新西兰乃至确认澳洲大陆存在等功绩，而与“发现号”同行的另外一艘探险船“奋进号”，也被美国航天局拿来给另外一架航天飞机命名。“发现号”的设计较为成熟，出厂时，质量也比“哥伦比亚号”轻了3吨。“发现号”先进而轻巧，所以每次航天飞机发生灾难后，都是“发现号”执行复飞。

美国“发现号”航天飞机

在1984年“发现号”历时6天的飞行中，它环球巡天96圈，行程约400万千米。并且它在头三天的飞行中，每天成功发射1颗通信卫星，创造了3发3中的纪录和在一次飞行中连续发射3颗卫星的新纪录，美国总统里根特地为此通过无线电向在太空中飞行的机组人员表示祝贺。所以，“发现号”航天飞机是美国的一架功臣航天飞机，也是美国值得骄傲的一架航天飞机。美国航天局选择“发现号”以扭转乾坤，恐怕也是出于这个考虑。

在“挑战者号”发射失败后，美国航天局对“发现号”航天飞机做了结构上的重大改进。固体火箭推进器是造成“挑战者号”灾难的罪魁，所以美国航天局花费了4.5亿美元对长36米的推进器做了40处重大改进。此外，航天飞机的液体燃料主发动机也有

39 处做了结构上的改进，耗资 2 亿美元。航天飞机机身做了 68 处重大的结构改进和 210 处一般性改良。整个航天飞机唯一没有多大变化的就是长 45. 45 米的外燃料箱了。

由于“挑战者号”的事故是由固体火箭发动机连接处的“O”形橡胶环造成的，技术人员对其进行了改进，加装了加热装置，还特别做了防雨雪密封。对其他一些设备也做了多方面的改进。为了增加安全系数，“发现号”发射还新加装应急逃逸系统。可以帮助航天员在航天飞机升空和重返大气层遇紧急情况时从航天飞机脱身。总之，美国人小心翼翼，生怕再受挫折。这也难怪，美国人损失 12 亿美元的航天飞机事小，7 个航天员的生命事大。

1988 年 9 月 29 日，在“挑战者号”失事 32 个月后，美国“发现号”航天飞机载着 5 名航天员重返太空，从而标志着美国航天事业已从“挑战者号”的阴影中恢复过来。此次飞行，“发现号”发射了一颗通信卫星，进行了 11 项科学试验。10 月 3 日中午 12 时 37 分，“发现号”航天飞机成功降落在加利福尼亚州爱德华空军基地，无数的人怀着崇敬和喜悦的心情迎接无畏的航天员们从太空胜利归来。

美国爱德华空军基地

航天飞机的成功，为反击敌方的卫星又增加了一种重要武器。1985年6月17日，美国航天飞机“发现号”进行了一次激光反射试验。这次负有重要军事使命的飞行代号为“51－G”，这次激光跟踪系统的太空试验，主要是为了验证地面激光武器跟踪在轨道上运行的卫星、航天飞机或洲际导弹的能力。参加飞行的5名航天员除了3名美国人以外，还有一名法国人和一名沙特阿拉伯的亲王。试验是由美国空军位于夏威夷毛伊岛的地面站进行的。当“发现号”飞经太平洋夏威夷岛上空时，由美国空军利用设在夏威夷毛伊岛上的2900米高的山顶上的激光设施，向“发现号”航天飞机发射一道氩激光束，这道激光束正好射中安装在航天飞机一侧窗口的直径约20厘米的反射镜上，这面反射镜再把激光反射到设在毛伊岛上的跟踪站。这件事说起来容易做起来难。因为，航天飞机正在距地球370千米的太空，以2.8万千米/小时的速度飞行，要使激光束射中这么小的反射镜，其难度可想而知，稍有不慎，就会“差之毫厘，谬以千里”。按预定计划和时间，航天飞机飞到了夏威夷毛伊岛上空，地面站准时向太空发射出激光束。糟糕！怎么没有反应？

美国人查来查去，结果令人啼笑皆非。原来，由于航天员精神过于紧张，致使操作失误，航天飞机上的计算机发出了错误的指令，致使航天飞机上的数字自动驾驶仪未能正确调整航天飞机的位置，结果当航天飞机飞越夏威夷上空时，航天飞机上的反射镜的镜面正背对着地球，激光虽然射中了航天飞机，但航天飞机却对激光束毫无反应。两天后，又进行了一次试验，这次试验成功。当时，“发现号”航天飞机上的5名机组人员，只见一道耀眼的闪光划破夏威夷的夜空。这道激光束开始时很细，直径只有0.6厘米，由于大气的折射，结果当激光射到航天飞机上时，直径已经扩散到4.5米，照射时间长达3分钟。由于激光束功率很弱，只有4瓦，因而不会伤到航天飞机上的人员，如果换成大功率，那么其军事作用就显而易见了。

“亚特兰蒂斯号”航天飞机

“亚特兰蒂斯号”航天飞机是美国的第四架航天飞机。美国人曾给它起了一个富有探险性的名字——“亚特兰蒂斯”。正如它的名字一样，从它诞生的第一天起就给人一种神秘莫测的感觉。

美国“亚特兰蒂斯号”航天飞机起飞

关于“亚特兰蒂斯”的传说在西方一直神乎其神，无论是在《圣经》里，还是在梵蒂冈保存的古代墨西哥著作抄本里，都有过类似的叙述：地球上曾先后出现过四代人类。第一代人类是巨人，他们毁于饥饿，第二代人类毁于巨大的火灾，第三代人类就是猿人，他们毁于自相残杀，第四代人类毁于巨浪滔天的大洪灾。而现代科学发现，在大洪灾之前，地球上可能真的存在过一片大陆，这片大陆上曾有过高度文明，在一次全球性的灾难中，这片大陆沉没在大西洋中。近一个世纪以来，考古学家在大西洋底找到史前文明的遗迹，似乎在印证这个假说。在民间的说法中，人们把这片大陆叫大西洲，把孕育着史前文明的那个国度叫作大西国。其实，科学界早就给这片神秘消失的大陆命名了，那就是沿用了柏拉图提出的名字：亚特兰蒂斯。

1985年10月3日，“亚特兰蒂斯号”航天飞机从卡纳维拉尔角起飞，开始了它的处女航行，但与一般的航天飞机航行不一样的是，它的5名航天员全是军人，“亚特兰蒂斯号”的这次飞行是美国空军的一次机密行动，他们释放了两颗具有良好抗干扰和抗核爆炸能力的军用通信卫星。1991年11月24日，“亚特兰蒂斯号”像它以往的航行一样，载着6名航天员再一次神秘地起飞了。这是美国航天飞机第44次飞行，也是美国1991年6次飞行中的最后一次飞行。这次它也担负着美国军方的特殊使命，具体任务是释放导弹预警卫星和从太空进行载人军事侦察试验。

此外，“亚特兰蒂斯号”航天飞机1989年将“伽利略号”和“麦哲伦号”两个行星探测器送入太空，1991年将康普顿太空望远镜送入太空。

年轻的“奋进号”航天飞机

“奋进号”航天飞机是美国航天局旗下第五架实际执行太空飞行任务的航天飞机，也是最新的一架。首次飞行是在1992年5月7日，担负的任务中有不少是建设国际太空站。

“奋进号”是一架拼装版的航天飞机，它是以“发现号”和“亚特兰蒂斯号”建造剩下的零件为基础，额外组装出来以便替代“挑战者号”的。当然，拼装并不代表差，事实上，因为是最后建造的，“奋进号”拥有更先进的装备。

1990年3月14日，国际通信卫星组织的6号卫星发射了，发射后，美国航天局的火箭卫星专家们却焦急万分。为什么呢？原来，担负重任的“大力神3号”运载火箭的第二级线路被接错了，使得卫星没有进入预定的地球同步轨道，而是进入了地球上空550千米的低轨道。于是，这颗卫星便失去了控制，在太空犹如一个游子，自由飘浮了两年之久。怎么办？科学家们决定用航天飞机捉回这颗卫星。1992年5月10日，“奋进号”航天飞机升空了，它很快接近了6号卫星，相距只有1.5千米，已经近在咫尺。然后，又以8千米/秒的速度追赶，在与6号卫星非常接近时，“奋进号”迅速将一根 4.5 米长、重 72 千克的捕捉杆放出，试图抓住卫星，一次，两次，都失败了。第二天，航天员开始了第二次捕捉，可失控的 6 号卫星却很“调皮”，迟迟不上钩。就这样，第二次行动又失败了。

飞行途中的美国“奋进号”航天飞机

这时，“奋进号”储备的燃料日益减少，返航的日期迫在眉睫。“奋进号”开始了第三次营救活动。5 月 13 日下午 5 时 12 分，航天员走出机舱，进入茫茫太空，对接收装置进行了改造，航天飞机慢慢靠近了 6 号卫星，100 米、50 米、30 米、10 米，彼此只有几米的距离了，卫星恰好飞在航天飞机的上空，并且以每 5 秒旋转一周的速度高速旋转着，此时卫星正处于离地 369 千米的上空，航天员瞅准时机，用戴着五层薄纤维制成的太空手套的手，神奇地抓住了卫星。

6 号卫星停止了旋转，这颗被捕捉回来的卫星被重新装上了火箭。5 月 14 日，载着新的近地点发动机的 6 号卫星从“奋进号”航天飞机的发射台徐徐滑出，在时隔两年之后，才进入了预定的地球同步轨道。这次美国航天员历经艰辛，徒手捉住失控卫星的一幕，成为世界航天史上的一项新纪录。

07 美国的空天飞机

◇ ……………………

由于目前的航天飞机存在发射价格昂贵、安全性不理想等缺点，一些航天大国开始研制空天飞机。空天飞机是普通飞机和航天飞机的混合物、混血儿，它同时载有航空发动机和火箭发动机，是一种既能航空又能航天的新型飞行器。它像普通飞机一样起飞，以高超音速在大气层内飞行，在30~100千米的高空飞行速度可以达到音速的12~25倍，并直接加速进入地球轨道，成为航天飞行器。返回大气层后，像飞机一样在机场着陆，它可以自由方便地往返大气层。目前，美国、英国、日本和德国开发研制的空天飞机有两种类型。一种是单级型，即把航空发动机和航天发动机装在一个飞行器中，一种是双级型，即把航空发动机和航天发动机分别装在两个飞行器中。

美国的空天飞机是单级型空天飞机的典型代表。这种空天飞机在起飞和在大气层中飞行时，用航空发动机，当速度达到音速的15倍时，航天火箭启动，当速度逐渐提高到音速的25倍时，空天飞机就进入了高度为6万米的地球上空轨道。

最近，美国的一家公司宣布，他们找到了一种切实可行的方案，使空天飞机的开发费用仅需1亿美元。其方案是先让空天飞机在普通的飞机跑道上起飞，当用普通的发动机使其爬升到喷气飞机正常的飞行高度后，与一架在那里等候的加油机会合，把空天飞机的氧化剂储箱装满液态氧。因为，1 升氧化剂的重量是 1 升煤油的 8 倍，因此不带氧化剂升空的空天飞机，其重量比常规火箭轻得多。

空天飞机

德国的空天飞机方案叫“桑格尔”，采用双级型。所谓的双级型，是指两架飞机叠在一起，一架是高超音速运输机，同时，它的背上还驮一架名为小型有翼轨道飞行器的航天飞机，如同父亲背着儿子一同外出一样。那么，“桑格尔”是怎样飞行的呢？首先，由运输机驮着小型航天飞机飞到 30 千米的高空，当运输机加速到 6 倍音速时，两者分离，运输机返回地面，航天飞机点火，以更高的速度继续飞向太空。

英国的空天飞机方案叫“霍托尔”，采用单级入轨，即外形和普通飞机基本一样，可完全重复使用，每次往返太空只需 12 小时。“霍托尔”采用 4 台吸气式喷气发动机和液氢液氧火箭发动机的组合动力装置。起飞时吸气式喷气发动机首先启动，速度达到 5 马赫、高度为26千米时停止工作，这时火箭发动机启动，直至进入200千米高的近地轨道。

号称“东方快车”的美国国家空天飞机方案与英国的类似，是一项发展重复使用的吸气式高超音速跨大气层飞行器技术的计划，最大特点是以超音速燃烧冲压发动机为主发动机，是航空、航天两用运输系统。原定有三大用途：一是高性能军用飞机，二是高速民航飞机，三是空间运输系统。

08 短命的天空实验室

◇ ……………………

当苏联在太空建造太空堡垒，准备在太空安营扎寨的时候，美国人也借“阿波罗”登月的余热，进行了这方面的准备，誓与苏联人一见高低。1973 年 5 月 14 日，美国利用“阿波罗”登月工程成功的经验和技术，用两级“土星 5 号”运载火箭，把天空实验室送入 435 千米的太空轨道。同年，还先后发射了三艘“阿波罗号”飞船与天空实验室对接。这三艘飞船分别称为“天空实验室”2、3、4 号。天空实验室是美国的第一个实验性航天站。它由轨道舱、过渡舱、多用途对接舱、太阳能望远镜和“阿波罗号”飞船等 5 部分组成。全长 36 米，直径 6.7 米，重 82 吨，体积有 3 个房间那么大，外形像是一座老式风车。其中，轨道舱是天空实验室的主体，它由“土星 5 号”运载火箭的第二级改装而成，分上下两层，上层为工作区，下层为生活区。

美国实施天空实验室计划主要有三个目的：一是研究考察人在太空失重的环境中长期进行航天工作和生活的能力。因为，在以往载人航天飞行中发现，航天员在飞离地球后，身高会增长几厘米，而肌肉、骨骼和心血管系统却很正常。但航天员一回到地面，身体便很快缩回到原来的高度。二是研究利用外层空间高真空、超低温等特殊环境，探索在太空进行生产、研究超导材料和发展尖端技术的可能性。三是对地面进行战略侦察。

但出师不利，刚进入预定轨道，天空实验室的太阳能电池就出现了故障，后虽然经过修复勉强可以继续使用，但在轨道上已经很难达到预定的运行时间和工作要求。

美国天空实验室

天空实验室在太空工作时间不到 9 个月，在其工作期间，美国航天员共有三批 9 人分别在航天站生活和工作了 28 天、59 天和 84 天。通过这三批航天员的实践，天空实验室基本完成了其预期的试验任务。三批航天员在天空实验室的实践活动证明，人在长期的太空飞行中，具有分析、判断和应变能力，能够正常地操纵各种仪器，进行各种观测活动，能使用必要的工具检修设备和排除故障。还证明航天员只要在太空坚持锻炼，就能在太空中安然无恙地正常工作和生活。

1973 年 7 月 28 日，第二批航天员上了天空实验室，他们在实验室中工作了 59 天，曾三次出舱活动，更换太阳伞，安装和收取太阳能望远镜的胶卷，对太阳进行了大量的观测实验。主要目的是研究太阳热核聚变过程，以促进地面上受控热核反应的研究工作，同时航天员还带回约 18 万张令天体物理学家们眼花缭乱的有关太阳活动的照片，发回了 1.8 万次血压的测量值以及大量的气体医学数据和大量的生物医学标本。另外，天空实验室上还带有 6 架照相机，这些相机可对地面 70% 的面积进行拍照。1973 年 11 月 16 日，第三批进入天空实验室的航天员在历时 84 天的飞行中，就利用这些相机对地面目标进行拍照，拍摄了 4 万多张地面目标的照片，录制了几十千米长的录像磁带，为美国获取了大量的战略情报。

1974 年 2 月 8 日，第三批航天员离开天空实验室返回地面。随后，美国便被迫宣告关闭这个价值数亿美元的太空站。1979 年 7 月 11 日，美国天空实验室的生命已经耗尽，落入大气层烧毁，残余的破片和部件散落到澳大利亚东南部的印度洋中。这次试验虽然时间短暂，但它毕竟是美国的第一个载人空间站。与美国人相比，苏联人更胜一筹。苏联人在太空空间站上无疑处于领先地位。

09 美国的“太空幽灵”

◇……………

美国的各种卫星遍布宇宙太空。不过，任何成就都不是一帆风顺的。美国人所走出的路也是一条十分坎坷的路，尤其是开始的时候。

为了抢占太空，美国必须发射间谍卫星。1959 年 2 月 28 日，美国范登堡空军基地里气氛紧张，忙碌异常，这是美国第一颗试验型间谍卫星的秘密发射。在此之前，由于 1 月 21 日和 25 日的两次发射均遭失败，就使得这次发射更扣人心弦。只见一枚高大的“雷神－阿金纳 A”火箭耸入云端，它那圆形的顶端就是众目所瞩的人类第一颗间谍卫星，美国人称它为“发现者 1 号”。由于美国人一直认为苏联在导弹数量上超过美国，所以这种导弹差距的恐惧一直紧紧压在胸前，令美国人喘气不顺。美国的情报当局是多么希望他们的技术能发现那诱人的秘密啊。

当发射前的倒计时到零时，火箭咆哮着刺破蓝天，把“发现者 1 号”送入预定轨道。正当美国人拍手称庆时，意想不到的事情发生了，“发现者 1 号”一进入轨道就打起滚来，原来是卫星的稳定系统出了故障，“发现者”失去了发现的能力。

在“发现者 1 号”上天一个半月后，“发现者 2 号”于 1959 年 4 月 13 日又被火箭送上了太空，这一次成功了，卫星顺利而且欢快地飞着。当卫星飞到17圈时，美国人太兴奋了，慌张地发出了指令:“弹射胶卷舱。”但是，早了一点儿，胶卷舱弹出了，反推火箭也点火了，甚至鲜艳的降落伞也打开了，然而，它却没有向预定的夏威夷海面飘去，而是飘到了挪威的最北端，飘到了离苏联边境不远的地方。美国人慌了，赶忙派出了搜索队，寻找从天而降的宝贝，但却一无所获。美国人认为，苏联的搜索队一定比美国人快，这个刚诞生的超级间谍可能已经落入苏联人的手中。尽管两个“发现者”间谍卫星未能返回自己手中，但美国人仍然觉得庆幸，因为总算证明它们是既可以入轨，又可以回来的。于是，又发射了“发现者3号”“发现者4号”，但都没有入轨。只有“发现者5号”顺利入轨，在17圈发射弹射指令，弹是弹出来了，可是反推火箭点火时，由于胶卷舱的姿态不对，它被推入了更高的轨道，从而使回收的希望化为乌有。一周后，美国人又发射了“发现者6号”，结果回收舱的无线电信标机发生了故障，与地面失去了联系，好端端的一个胶卷舱却无处寻找。后来，美国又发射了“发现者7号”“发现者8号”“发现者9号”“发现者10号”“发现者11号”“发现者12号”，由于各种原因都没有成功。在长达一年半的时间里，12颗卫星不是未能入轨，就是没能回收，这着实令美国上下十分恼火。

12颗卫星接连失败，美国的航天专家如坐针毡，这到底是为什么呢？经过一番认真的分析，对火箭和卫星又进行了改进，在强大的精神压力下，硬着头皮开始了第13颗卫星的发射。专家们在默默地对天祈祷：愿上帝保佑。他们的所有希望都寄托在“发现者13号”上了。

其实，面对挫折与失败，应该始终怀有“再试一次”的勇气与信心。也许再试一次，就能听见成功的脚步声了。

1960年8月11日，一群科学家和空军军官聚集在一起，焦急而又紧张地注视着控制台显示屏，因为他们的13号卫星已经在太空游荡了一天，又到了令其胶卷舱返回地面的关键时刻了。这时，“发现者13号”正在北极上空开始绕地球飞行的第17圈，回收命令下达后，胶卷舱弹射了，反推火箭也已经点火，发回了人们期待已久的遥测信号。下午3时26分，卫星降落伞张开，朝着预定回收的海域下降，美国的回收飞机正在上空盘旋，载着直升机的军舰也在这个水域游弋，美国人期待着回收时刻的到来。但正在这时，在3000米高空，一块厚厚的断裂云层挡住了视线，幸好夏威夷的地面雷达和在该地区飞行的早期预警飞机的大型机载雷达发现并跟踪着胶卷舱。当回收飞机的驾驶员看到那橘黄色的降落伞的闪光时，已经来不及在空中回收了。4时05分，低飞的搜索飞机发现了在水中闪闪发光的胶卷舱，接着，一架直升飞机在海军蛙人的帮助下从海里捞出了这个宝贝，放在美国海军军舰上。

这次成功回收的意义极不平凡，因为这是人类第一次成功地用卫星进行军事侦察，这一行动的成功标志着太空战场的正式出现。美国人在1960年8月以前，只能猜测苏联的导弹力量，但在此后，卫星帮助美国解开了许多不解之谜，使其了解到苏联的洲际弹道导弹并不像美国估计的那样多，导弹差距的恐惧随之消失。

到目前为止，世界各国发射的卫星、飞船、航天飞机等航天器大约有4000多个，其中卫星占70%以上。

卫星的种类繁多，有通信卫星、气象卫星、导航卫星、测地卫星、侦察卫星、地球资源卫星、预警卫星、核爆炸探测卫星、反卫星卫星等。卫星在军事领域发挥着极大作用。借助于侦察卫星、导航卫星，战略导弹可以击中一万千米之外的军事目标，误差只有几十米甚至几米，真可谓“指哪打哪”。一个几百千米高的侦察卫星可以辨认出柚子树上的柚子个数，在美、俄的军用卫星中，侦察卫星约占60%以上，这些游荡在太空中的“谍影”已经成为两国斗争的重要武器，在政治、外交、经济和军事斗争中发挥了重要作用。在军用卫星中，成像侦察卫星数量最多，应用也最广，被军事专家誉为太空中的千里眼。现在能够掌握成像侦察卫星技术的国家只有美国、俄罗斯、中国、法国、以色列等，其中以美国的技术最先进。成像侦察卫星分为光学侦察卫星和雷达成像侦察卫星两大类。目前，美国光学成像侦察卫星已经发展到第六代，以“锁眼－12”为代表。这种卫星是一种十分先进的卫星，它的地面分辨率达到0.1米，也就是说它在太空能看到你的车牌号码。

美国“锁眼”侦察卫星

美国的 KH－11 型侦察卫星堪称是美军的得意法宝。一位美军军官是这样介绍的:“当你回到家中，关上房门的时候，这个卫星可以通过门上的钥匙孔，看到你在里面的一切行动。”虽然此话未免太夸张，但是“锁眼”称号从此不胫而走。根据锁眼的英文缩写“KH”，美国的照相侦察卫星都被冠以“KH”字母。

KH－11 侦察卫星是美国数字成像无线电传输卫星，它不用胶卷而是用电荷耦合器件摄像机拍摄地物场景图像，然后把图像传送给地面。地面收看效果犹如看电视片。它的地面分辨率为1.5～3米。它最早发现伊拉克军队向科威特推进的行动。“锁眼”卫星也叫“大鸟”，别看这只大鸟其貌不扬，但它却长着两只明察秋毫的眼睛。“锁眼”侦察卫星外形呈圆柱形，直径约 3 米，长 15 米，重 10.5 吨，由“大力神－3D”火箭发射。该卫星每 90 分钟绕地球一圈。1976 年 12 月 19 日，一次新的发射引人注目。又一只怪鸟飞进了太空。这只鸟比原来的大鸟还要先进，苏联人密切关注着这只怪鸟。它行踪诡秘，令人生疑。四天之后，更奇怪的事情发生了，这只怪鸟居然飞到了更高的轨道上去了。三个月后，它又降回到原来的轨道上飞行，这真是一只不平常的怪鸟。其实，这只怪鸟就是 KH－11 第五代侦察卫星。卫星上带有机动发动机，因此它具有机动变轨能力，可以根据需要实施多次机动变轨侦察。它的工作寿命为三年。

苏联人多么想知道这只鸟的秘密啊！但美国的高度机密并非一般人能接触到的。不过苏联人这回交了好运，有人把它送上门来了，这个人就是美国中央情报局的特工人员坎皮莱斯。

坎皮莱斯1977年加入中央情报局，经过三周的训练被安排到警卫森严的中央情报局总部的行动中心监视组，他的任务是每天从中央情报局各地办事处发来的大量电讯以及间谍卫星拍摄的绝密照片中，挑出各种保密级别不等的情报。

坎皮莱斯对枯燥的工作产生了厌烦情绪，他渴望冒险。于是，他把中央情报局发的一本编号为155的《KH－11技术手册》揣在运动衣中带出了办公大楼。

1978年2月下旬的一个晚上，他与克格勃特务取得了联系，《KH－11技术手册》成为他献给克格勃的见面礼，美国万分机密的KH－11就这样被苏联掌握得一清二楚。

原来，KH－11这只怪鸟，是一种光电数字成像实时传输型卫星，它的先进之处是采用了光电数字成像和实时图像传输技术，而不是用胶卷成像。星载高分辨率的电荷耦合器件相机，能拍摄地面分辨率达0.1～0.15米的详细图像。它用于普查时分辨率为1～3米。卫星上的红外线扫描仪可在夜间照相，星载多谱段扫描仪可揭露伪装。此外，卫星还有电子侦察、侧视侦察和轨道机动能力。坎皮莱斯出卖了美国第五代间谍卫星的绝密资料，仅仅得到了3000美元，却因此以叛国罪被判有期徒刑40年。

KH－12是美国第六代照相侦察卫星，是KH－11的改进型。该卫星增加了红外线成像设备，具有夜间或不良天气条件下的侦察能力。它的地面分辨率高达0.1米，足以看清沙漠中的坦克、帐篷和人员，有“极限摄像平台”之称。这种卫星有一种“斜视”功能，即当卫星不能直接飞越海湾地区上空时，也能通过改变其光学系统的指向来摄取旁边地域的图像。卫星上的红外设备还可以在夜间拍照。它的设计寿命为7～8年。该卫星1989年8月首次由航天飞机在太空部署。

美国的另外一种侦察卫星是“长曲棍球”。长曲棍球侦察卫星是一种雷达成像型卫星。1988 年 12 月，美国用“亚特兰蒂斯号”航天飞机发射了一颗长曲棍球侦察卫星。它是一种能够在完全黑暗或者在有云的条件下进行拍摄的侦察卫星，这种卫星完全依靠雷达来拍摄照片，不但黑夜和云层奈何不了它，就连地面上的浮土、沙子或雪层也瞒不过它的火眼金睛，甚至它还能通过雷达探明地下 1 米深处的军事设施。该卫星采用合成孔径雷达成像技术，具有全天候实时侦察能力，选用一定频率甚至可以穿透一定厚度的植被和隐蔽物，并具有运动目标显示能力，其地面分辨率为 1 米。为了保障大功率合成孔径雷达的工作需要，该卫星体积、重量很大，其太阳能电池的帆板宽达 50 米，可提供 10～20 千瓦的功率。

美国“长曲棍球”侦察卫星

美国部署了两颗“长曲棍球”卫星。第一颗在轨飞行几年后，于1997年3月坠毁，另一颗飞行了7年。1997年，一枚“大力神4型”火箭从美国范登堡空军基地起飞，将一枚改进型的长曲棍球卫星发射升空。据称，改进型的长曲棍球雷达成像侦察卫星装有天线直径达9米或14米的大型雷达，卫星的成像质量得到了提高，可与现存的一枚卫星配合，对同一目标进行反复侦察。与此同时，一种更高分辨率的雷达成像卫星正在研制中，新卫星将采用平板相控阵雷达。在一段时间内美国主要使用长曲棍球卫星与“锁眼－12”卫星担负战略目标侦察任务。

下面我们讲两个小故事，看一看卫星在现代战争中的应用。

1973年10月6日下午2时，以埃及、叙利亚两国军队为主，加上阿拉伯联军，在苏伊士运河和戈兰高地东西两线，以迅雷不及掩耳之势向以色列发起了全面进攻，第四次中东战争由此爆发。

当时，世界正处于冷战时代，中东地区民族、宗教斗争十分复杂，也是美国和苏联实施冷战的重要战场。所以，中东战争的枪声一响，美、苏立刻用太空侦察系统对该地区进行严密的侦察，以便掌握战事进展情况，向各自的盟友提供情报支援。实际上，美、苏在中东地区的太空情报战早在数星期之前就开始了。9月末，美国发射了“大鸟”侦察卫星，加强了对中东地区的监视。苏联也发射了“宇宙596号”侦察卫星，加紧了在中东上空的飞行活动。苏联发射的是一颗照相侦察卫星，在中东战争爆发前3天进入轨道，6天后，“宇宙596号”成功回收，为苏联提供了急需的情报——中东地区各国军队的部署全景图片。两个国家根据卫星侦察情报，都认为阿以战争不可避免，但他们都无法对战争的规模和开始的时间进行准确预测。埃及和叙利亚军队借助于苏联的侦察卫星，获得了以色列的军事情报。同时，为了防止美国侦察卫星侦察到阿拉伯军队的情报，采取了200多种反卫星侦察措施，结果表明，措施相当成功，阿方一开始便保证了袭击的突然性。

自从10月6日埃及、叙利亚等阿拉伯国家向以色列发动进攻以来，阿方势如破竹，不到24小时，埃及军队的第二、第三集团军就全部渡过运河，以军的运河屏障成为泡影，几十米高的沙堤在高压水龙的冲击下，顷刻间土崩瓦解，以色列苦心经营3年，耗资几亿美元的巴列夫防线顿成纸壁泥墙。以军在损失1/4的坦克和1/3的飞机后，陷入极端被动的境地。

在北线，叙利亚军队在进行了猛烈的炮火准备以后，袭击了赫尔蒙山顶的雷达站，72小时后，叙利亚军队全线突破以军防线，攻占了战略要地老头山和马萨达以及库奈特达，情况对以色列十分不妙。在生死存亡的时刻，以色列准备动用13颗原子弹。在动用这13颗原子弹之前，以色列总理梅厄夫人通过热线电话与美国总统尼克松进行了联系。尼克松告诉梅厄夫人再坚持24小时就可以渡过难关。果然，几个小时后，美国驻以色列使馆的一名武官来见以色列情报局长泽拉，他说:“局长阁下，我奉命通报你一个情况，我们的‘大鸟’卫星侦察到，在埃及、叙利亚进攻的正面，在姆萨湖和大苦湖之间，从运河的北端起大约90千米处，有一个宽十多千米的间隙，很明显，这是埃军第二军与第三军的结合部，这是一个扭转战局的理想突破口。”泽拉忙把这个消息向国防部长达扬汇报，达扬立刻喜形于色:“好，机会来了！”

沙龙将军的装甲部队预备从大苦湖北面的空隙渡过苏伊士运河，插到运河西岸，切断进入西奈半岛阿军的退路。

15日下午5时，以军偷渡大苦湖的战斗打响了，这是第四次中东战争的转折点。到16日清晨，以军渡过运河的兵力已有一个旅，沙龙的指挥部也登上了西岸。情况对阿方越来越不利，但埃及的萨达特总统却浑然不知。

19日，渡过运河的以军突破埃军的防线后，不仅打掉了埃军的全部导弹发射阵地，而且还逼近苏伊士城下，完全切断了第三军的退路。世界各国的军事专家都看得很清楚，第四次中东战争局势已经逆转，阿军必败。

但是，萨达特总统不甘心失败，还策划着反扑。此时，阿方背后的苏联一刻也没有停止对中东战场的卫星侦察，苏联连续发射了13颗卫星，其中5颗是17天内发射的。通过卫星的侦察，苏联着急了，他们知道战局对埃及极为不利，如果再打下去，恐怕连谈判的本钱也没有了。为了说服埃及立即停火，苏联部长会议主席柯西金亲自出马，将苏联最新的卫星侦察照片拿给埃及总统，萨达特接过照片一看，顿时大吃一惊，从照片中可以清楚看到以色列的装甲部队已经在运河西岸攻入纵深的程度，态势极端危急。萨达特无可奈何，只有痛苦地下达了停战的命令。

第二个故事是1982年3月至4月，在英国和阿根廷之间发生了马岛战争。这场战争缘何而起？历史上马岛归属问题反复变化多次，在第二次世界大战后英国人占领了它。虽然驻兵不多，但大英帝国的旗帜却始终飘扬在马岛上。战后几十年也无人相争。偏偏小国阿根廷提出异议，趁英国不备，派兵占领了马岛。英国人闻讯，素有铁娘子之称的首相撒切尔夫人态度强硬，立刻派出特混舰队从本土朴次茅斯军港出发，于5月20日在马岛登陆，阿军一触即溃，英军仅用8天时间便控制了马岛。但在此期间，阿根廷与英国在马岛进行了海空大战。

战事一起，美国和苏联都接连发射各种侦察卫星监视战况。其中，美国有8颗电子侦察卫星，苏联有8颗雷达卫星和5颗通信卫星，它们自始至终对战争情况进行监视。美国与英国关系密切，卫星侦察的情报自然要给英国，而美国禁止向苏联出口谷物，阿根廷却将谷物卖给了苏联，可见苏阿关系也不一般。在战争中，美国将“大鸟”卫星获取的情报告诉了英国，英军击沉了阿军的“贝尔格拉诺将军号”巡洋舰。苏联卫星把英国舰队的准确位置通报给阿根廷，阿根廷出动空军对英舰队反复实施导弹攻击，其结果是阿根廷空军仅用一枚飞鱼导弹就一举击沉了英国最新型驱逐舰“谢菲尔德号”。阿根廷军队大出了一阵风头，苏联的卫星也功不可没。

在美国的卫星上还有一种情况是必须说的，它就是导航卫星全球定位系统，简称GPS。

1957年，当苏联发射了第一颗人造地球卫星的时候，美国霍普金斯大学应用物理研究所在接收这颗卫星的电波时有了重大发现：如果测定已知轨道上的卫星所发出电波的多普勒效应，则能精确地确定接收这种电源的位置。

美国海军最早对这种定位系统产生兴趣。后来，美国陆军也对这种车辆的定位表示关心。于是，他们开始研制全球定位系统。

1978年，美国开始建立由21颗工作卫星、3颗备份卫星组网的GPS星座，至1994年全部建成，使全球任何一个地方至少能看见4颗GPS卫星。每颗卫星上都装有精度极高的原子钟，7万年内部误差不超过1秒。卫星以两个不同频率的载波连续不断地发送时间和位置信息，其中一个载波上携带有粗码和精码两种信息，另一个载波只带有精码。粗码以1575.42兆赫的频率向外广播，一次定位精度25米，多次定位可达8米，但美国政府又对它进行了选择可用性SA的干扰，通过卫星在导航电文中加入了误差信息，使定位精度降至76~100米，所以商业化的GPS接收仪仅能接收粗码。精码以1227.60兆赫的频率向外广播，一次定位精度为15米，多次定位精度可达1米以内。虽然美国为了作战的需要，对GPS的精码的使用进行了严格的限制，只允许美军及特种用户使用，不过，编制精码的方程式早已公开，所以，将来可能会用其他码代替，以增加保密性。美国的舰船、飞机甚至步兵都装备了GPS接收机。GPS由空间系统、地面控制系统和用户定位设备三大部分组成。空间系统由18颗工作卫星组成，它像18个勇士，在太空充当向导。它们均匀分布在6个轨道平面上，轨道倾角为53度，轨道高度约2万千米，周期12小时。这就是说，任何时候太空都有18个勇士中的4位以上，可以为潜艇、船只或地面车辆充当向导。每颗卫星重840千克，寿命七年半。

GPS的用户设备一般由天线、接收机数据处理器和显示装置组成。它能够同时接受4颗卫星发送的导航信号，经计算处理获得三维位置、三维速度和精确时间。并可以换成用户所需要的由地理坐标或其他坐标系所表示的位置数据，在显示装置上显示。

GPS具有广泛的用途，它可以为火炮、车辆及人员定位，快速提供精确测地保障，在大海中，为舰艇导航，保障编队海上会合、进出港和作战协同，并可为反潜、扫雷、搜索救援、发射武器提供精确定位；在空中，可为飞机提供导弹制导，保证低轨道卫星对目标精确定位，为大型作战系统提供统一的坐标和时间等。

10 美国的深空探测

◇ ……………………

深空探测是指对月球以及月球以外的外层空间进行探测的活动，主要包括对月球的探测、行星及其卫星探测以及小行星和彗星探测三大方面。具体说来，就是对太阳系内除地球外的行星及其卫星、小行星、彗星等的探测，以及太阳系以外的银河系乃至整个宇宙的探测。它是继卫星应用、载人航天之后的又一航天技术发展领域。

深空探测意义重大，可以进一步解答地球如何起源与演变、行星和太阳系究竟是如何形成和演化、人类是不是宇宙中唯一的生命、地球的未来将如何等一系列问题，同时有利于人类积极开发和利用空间资源。

尽管充满挑战和风险，尽管曾经遭遇失败，但人类探测深空的脚步不仅没有停止，反而在不断迈进，而且步伐还将越来越快。

在行星际探测方面，过去 40 年来，美国、苏联、欧洲航天局及日本等先后发射了 100 多个行星际探测器，既有发向月球的，也有发向金星、水星、火星、木星、土星、海王星和天王星等各大行星的，还有把“镜头”指向我们地球及周边环境的。通过这些深空探测活动所得到的关于太阳系的认识大大超过了人类数千年来所获有关知识总和的千万倍。

1961 年 2 月，苏联发射了人造卫星 7 号，目标是为了探测金星。苏联人的太空雄心，一再刺痛美国人。美国发誓，一定不能在深空探测方面输给苏联人。

于是，美国人准备探测太阳系行星，他们对月球探测器“徘徊者”进行改造，制造出了“水手”系列行星探测器。

美国的深空探测主要有以下几个方面：

（1）探测金星

金星是距离地球最近的行星，最近时离地球只有4100万千米，是地球到月亮距离的109倍。金星的亮度仅次于太阳和月亮，是人们最熟悉的并能用肉眼看到的太空中最明亮的一颗行星。它在黎明出现时，人们称之为启明星；在黄昏出现时，则称之为长庚星。金星比地球略小，半径约为地球的96%，质量约为地球的82%，密度约为地球的96%，是最类似于地球的大行星。它绕太阳公转周期为244.7天，但其自转速度极慢，自转一周需要243个地球日。更奇特的是，金星的自转方向和地球相反，在金星上望太阳，太阳从西方升起，而落在东方，它是太阳系内唯一逆转的大行星。金星周围有一层大气，里面云雾弥漫，阻挡了人们的观察视线，因此最初人们对它的许多推测与事实不符。直到能够通过发射脉冲信号探测金星，科学家才看清金星表面的本来面貌。

原来，金星表面的气压极高，竟是地球的90倍。它的大气主要由97%的二氧化碳组成，另有少量的氮、氩、一氧化碳和水蒸气，还有酸性极强的氯化氢、氟化氢和硫酸的气体。金星的表面温度高达480℃，而且没有昼夜、季节和地域的差异。

因此，金星上不可能有液态水，也不可能有生命的存在。甚至一些低熔点的金属也会熔化。可以说，金星的表面只是一片毫无生机的石砾，是一个与其美丽名称不相称的“地狱”。

为了揭开金星的神秘面纱，自1961年以来，有十多艘飞船先后对其进行了探测。

1962年7月22日，美国航天局发射了第一个金星探测器——“水手1号”。但携带探测器的火箭起飞后竟向不该飞的方向飞去，只能将其摧毁。当年8月27日，美国又发射了“水手2号”，探测器从距离金星34800千米处飞过，探测了金星的大气温度，揭开了人类成功探测金星的序幕。1989年5月，美国研制的“麦哲伦号”金星探测器由“亚特兰蒂斯”航天飞机在太空释放，并于1990年8月10日与金星交会，进入金星的椭圆轨道。它的雷达系统透过云层获得了至今为止最详细的金星图像。到1992年，“麦哲伦号”金星探测器已经测绘完90%以上的金星表面积。发回的照片表明，金星上存在活火山熔岩流、陨石坑、沙丘、高耸的山岭和巨大的峡谷。为完成这次探测计划，“麦哲伦号”共环绕金星飞行了2000圈，耗时243个地球日。

（2）探测火星

火星是一颗富有传奇色彩的行星。其实，在太阳系中，火星与金星比起来距离我们相对较远。那么，我们为什么舍近求远，而钟情于火星呢？原来，火星是一颗与地球环境十分相似的天体。按太阳由近及远的次序排，它是第四颗行星，地球排行老三。火星表面温度大约在－150℃～15℃之间变化。火星表面的温度比地球低30℃以上。在太阳系八大行星中，火星比地球小，直径是地球的53%，体积和质量分别是地球的15%和10.8%。其自转周期仅比地球的自转周期长40分钟，公转周期则为687天，不到2个地球年。火星与地球一样，都是歪着身体绕太阳旋转，甚至歪斜的角度都几乎一样。因此，在火星上也有春、夏、秋、冬四季更替，只不过它的一季相当于地球两个季度长。

火星上也有大气，只是十分稀薄而已。大气的主要成分是占95%的二氧化碳，另外还有3%的氮和1%～2%的氩。火星表面的大气压只相当于地球的1%。

美国探测火星，一开始是派出探测器掠过火星。

1964年11月，美国航天局发射“水手3号”进行火星探测，不过以失败告终。紧接着“水手4号”也于当月发射，它于1965年7月14日抵达距离火星表面不到9800千米的地方，拍摄了21张火星照片，发现了火星上存在着大量的环形山。

1969年2月和3月，火星再次运行至距离地球最近的地方。“水手6号”和“水手7号”再次掠过火星，发现火星的最低温度比预想的要低，大气中二氧化碳含量高达95%。两个探测器绕着这颗行星的赤道和南极地区飞行，拍下了200多张照片，发现火星的外貌如同月球，表面坑坑洼洼，布满了环形山。探测器还对火星上的大气及其表面进行了分析。

美国探测火星的第二步是使探测器被火星的引力俘获，成为火星的卫星，环绕火星轨道做长期观察。

1971年5月8日，美国发射了“水手8号”火星探测器，不过该探测器发射后不久便失去控制，栽进了波多黎各附近的海水里。

5月30日，美国发射了“水手9号”火星探测器，并让它长时间绕火星飞行，就像人造地球卫星一样。“水手9号”环绕火星将近两年，拍摄了80%的火星表面，发回地球7000多张照片。此外，它还找到了一个令人们震惊的发现——火星上竟然有河床，这似乎与一个世纪前的火星水道运河说异曲同工。

美国火星探测的第三步是派遣飞船在火星上着陆。

于是，美国航天局兰利研究中心和马丁·玛丽埃塔公司开始建造“海盗号”探测器，它能环绕火星，也能在火星着陆，而且它携带的相机也比“水手”系列探测器先进。

1975年8月和9月，“海盗1号”“海盗2号”探测器相继发射，成功在火星表面着陆。通过对火星物质的检验，发现火星上存在生命的可能性几乎为零。它们携带的仪器分析了火星的土壤，测量了火星的风速、气压和温度等，并确定了火星大气的成分。最令人鼓舞的是确认了火星上曾有过液态水存在的迹象。这次探测，还发现了一个日后风靡全世界的东西——火星人脸。

1976年7月25日，航天局科学家公布了一张从“海盗号”轨道器拍摄的火星地图，该地图里竟然有一片类似人脸的奇异地貌。

美国航天局的科学家之所以公布这张有趣的照片，本意是让大家乐一乐，吸引公众对火星的探索兴趣。不成想，这张“火星人脸”迅速占据了大报小报的版面，吸引了几乎所有公众的目光。

这张火星人脸越传越神，有人干脆宣称这张火星人脸表明火星曾经存在高度发达的文明，这张面积约一平方英里的人脸，实际上是火星古城留下的建筑群废墟。而火星人脸附近的一些破石头、碎

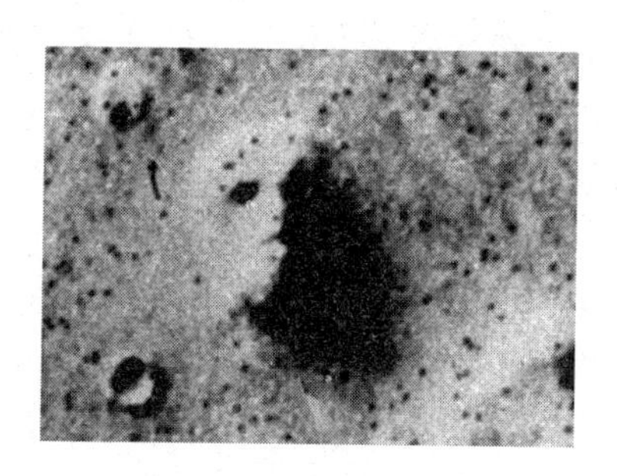

美国“海盗号”探测器拍摄到著名的“火星人脸”

土块，也越看越不平凡，越看越像金字塔和城市遗迹……也有人说，火星曾经与地球一样有生命，只是遭到了破坏，成了无生命的星球。今天的地球是远古时期的火星，今天的火星是未来的地球，等等。于是，一些科幻片随之而来，如广受追捧的电视连续剧《X档案》等。后来，美国航天局再次探测火星这一地区，发现那张著名的脸只是一个多岩石山。美国航天局公布的一张 HiRISE 高清相机拍摄的照片，证明“火星人脸”其实是位于火星沙漠中央区的一座布满岩石的平顶山。HiRISE 相机可从 300 千米的高处捕捉到火星表面的细微之处。

“海盗”火星探测计划之后，美国航天预算吃紧，只得集中全力搞航天飞机和天空实验室。火星探测被迫停止。没想到一停就是 17 年，直到 1992 年 9 月才发射了“火星观察者”探测器。但“火星观察者”不争气，飞到火星拍了一张黑白照片便失踪了。火星探索被迫再次停止。“火星观察者”失败之后 4 年，又发生了一件令火星探索不能停止的重大事件。

1996 年 8 月，美国航天局科学家大卫·麦凯宣布，火星陨石 ALH84001 含有小虫子（微生物）化石。该陨石是美国国家自然科学基金会陨石搜寻小组成员罗伯特·斯科尔 1984 年在南极拣到的。这就是说火星上有生命。

这个消息像火星人脸一样，立即引起轩然大波，支持美国航天局的声音一浪高过一浪，美国航天局借机恢复了对火星的探测。他们发射了“火星全球勘探者”和“火星探路者”探测器。新出炉的火星探测计划准备在1996—2005年间每隔26个月（火星每隔26个月靠近地球一次）发射两颗无人火星探测器，最终确定火星上是否存在生命。1996年11月，美国航天局发射了“火星全球勘探者”，12月4日发射了“火星探路者”探测器。

“火星全球勘探者”一年后进入火星轨道，竟然首次利用太阳能帆板进行了刹车。它利用高分辨率成像系统绘制了火星地图，帮助后来的“勇气号”和“机会号”火星车寻找着陆点，为后续的探测器提供中继通信服务。“火星全球勘探者”传回的数据显示火星两级存在大量的冰，甚至可能有液态的水，这预示着生命存在的可能性。它异常长寿，至今仍然在工作。

美国火星探测器着陆火星的模拟图

“火星探路者”经过7个月的飞行，于1997年7月在火星表面成功着陆，然后用遥控火星车进行了考察。它发回了蔚为壮观的火星全色全景照片，使人类对火星地表景观有了更直观的认识。同时深入研究了火星气候，对火星岩石和土壤也有了初步了解。它还找到了一些支持火星生命说的证据，并创下了若干项第一：第一个在超音速的高速度飞行的情况下，使用降落伞和气囊软着陆；第一个在火星上以漫游车方式进行探测，扩展了探测范围，发回了1.6万张彩色照片、15份岩石土壤分析数据、大量有关火星气候的数据。这次探测费用只是当年“海盗”火星计划的1/5，是质优价廉的一次火星探测。“火星探路者”于1998年3月停止了工作。

按照新的火星探索计划，美国航天局分别于1998年12月和1999年1月又发射了“火星气候轨道器”和“火星极地着陆器”。发射这两个探测器的目的是为了进一步确认火星上是否存在生命和水。然而，这一轮火星探测极不顺利，“火星气候轨道器”被火星大气层烧毁，“火星极地着陆器”则不知去向，喷气推进实验室因而受到各方责难。两次失败后，喷气推进实验室重整旗鼓，在2001年4月又发射了“2001火星奥德赛”探测器。该探测器的名字显然受科幻电影《2001太空奥德赛》的影响。2002年3月1日，美国航天局宣布，“2001火星奥德赛”传回的火星南极图像和数据表明，火星上有大量的冰……美国航天局随即掀起了对火星探测的新热潮。2003年6月和7月，美国航天局又执行了“火星漫游者”计划，发射了“勇气号”和“机遇号”两辆火星车，实际上是机器人。此前日本的“希望号”火星探测器和欧洲航天局的“猎兔犬2号”着陆器都已经失利，这使“勇气号”和“机遇号”着陆火星备受关注，人人都在等待坏消息的出现，不过，它们却取得了成功。

分别着陆后，两辆火星车开始寻找火星存在水的证据。它们铲起泥土，开凿岩石，分析样本，不断向地面发回岩石、土壤和大气的信息，并拍摄了大量图片。数据发回地球后，由喷气实验室的科学家进行分析。它们成功着陆并发现火星有水的新闻，曾被中国评为2004年世界十大科技进展新闻之首。

2005年8月，美国航天局又如约发射了“火星勘测轨道飞行器”。该探测器能分辨火星表面足球大小的地方，同时它也要为“勇气号”和“机遇号”火星车精确导航，为“凤凰号”火星着陆器考察着陆点。

目前，正在火星上工作的美国探测器有：两个火星轨道探测器即“火星全球勘测者”“2001火星奥德赛”；两辆火星车即“勇气号”和“机遇号”；1架“凤凰号”着陆器。“火星实验室号”正在飞赴火星的路上。美国未来还将发射“火星大气与挥发物演化”探测器和“超越号”火星表面飞行器……美国已经发射了21个火星探测器。

美国的“勇气号”火星车

美国的“好奇号”火星探测器于2011年11月26日23时2分发射成功，顺利进入飞往火星的轨道，2012年8月6日成功降落在火星表面，展开为期两年的火星探测任务。它是一个汽车大小的火星遥控设备，也是美国第四个火星探测器。“好奇号”是第一辆采用核动力驱动的火星车，其使命是探寻火星上的生命元素。据说，“好奇号”狠狠地“咬”了火星一口，尝了尝，原来是地球的味道！——美国航天局（NASA）10月30日宣布，“好奇号”探测器对火星土壤样本的首次分析显示，火星部分土壤与夏威夷火山周围土壤相似。“好奇号”火星车于10月29日（即任务开始第82个火星日）用透镜成像仪拍摄的照片，画面显示了一块名为“Et－Then”的岩石，这个非正式的名字取自加拿大西北部地区大奴湖的一个小岛。“好奇号”还发现了火星上存在生命的新线索。“好奇号”用铲子收集了一份火星土壤样本，并将这份样本放进了称作 SAM 的火星样本分析仪进行分析。火星样本分析仪是一个盒子状化学实验室，负责发现样本中的化学成分。有科学家说，在火星表面发现复杂的有机化合物，是一个间接证据，说明火星可能有生命存在。

美国发射“好奇号”探测器

（3）探测太阳系外层空间

除了对金星、火星进行探测，美国航天局还对太阳系甚至更远的地方进行了探测。1977 年发射的探索太阳系外层行星的“旅行者 1 号”飞行器，经过 35 年的飞行，现在距太阳 180 亿千米，已经抵达太阳系边缘地区，即将进入太阳系外空间，成为第一个飞出太阳系的航天器。

1972 年 3 月，美国发射了“先驱者 10 号”，1973 年 4 月发射了“先驱者 11 号”。1973 年年底，“先驱者 10 号”首次飞临木星，发回了第一批木星及木星大红斑的照片，不过木星强大的电磁辐射弄坏了它的一部分设备。

在那之后，“先驱者 10 号”的功能不断恶化，但运转正常，它仍然向地球发送微弱信号。2004 年 2 月 7 日，“先驱者 10 号”已经没有能力再发送信号，美国航天局放弃与该探测器继续联系的努力。

木星是一个非常遥远的天体，距离地球约6.3亿千米。但它格外明亮，亮度仅次于金星，用肉眼可以看到，因此在古代就发现木星了。木星周围有厚厚的稠密大气，其表面常年呈现数条色彩斑斓的彩带和不断变化的红色斑纹区。它是太阳系中最大的一颗行星，体积比地球大1300多倍，质量相当于318个地球，几乎等于太阳系其他星星质量总和的2.5倍。从质量、成分和平均密度来说，木星与地球及水星、金星、火星等类地行星不同，它与太阳却颇为相似。木星拥有16颗卫星。“旅行者1号”从距木星云顶28.6万千米上空飞越，提供了木星的信息。木星的大气是复杂的由氢和氦组成的稠密大气层，其上是色彩斑斓的云层；木星大气的运动比预计的更加汹涌，似乎受到云顶底下深处某种力的控制，足以容纳几个地球的大红斑，是一个巨大的大气风暴，每隔6天沿逆时针方向转动一次。“旅行者2号”从距木星云顶64.3万千米处飞越木星，探测到了条纹状的云、红斑、白卵、木星环和木星的5个卫星，它还发现了3个新的木星卫星，存在极光和像地球上特大闪电一样的云顶闪电。虽然旅行者姊妹的探测，把人类对木星的认识向前推进了一大步，但由于木星的云顶比较厚，无法弄清大气下层气体的状态，无从了解大气层内部各种参数随高度的变化，至今仍然有许多奇特的现象无法解释。

“先驱者11号”“旅行者1号”和“旅行者2号”为人类近距离观测土星提供了机会。土星是一颗类似于木星的太阳系的第六大行星。其主要成分也是氦和氢。土星直径是地球的10倍，质量是地球的95倍。土星与太阳的距离是地球与太阳距离的9.5倍。如果说太阳光从太阳到达地球需要8分钟的话，那么，它到达土星则需要76分钟。土星最引人注目的是它美丽的光环。这些美丽的光环从离土星约7.2万千米延伸到13.7万千米，形成了一个厚度只有几千米的薄盘，使其成为太阳系中最美丽的一颗行星。土星有众多卫星。“土卫六”是土星最大的卫星。“先驱者11号”探测到土星有磁场、磁层和辐射带。1981年8月25日，“旅行者2号”从土星最近点飞过，从其发回的照片中科学家发现，土星光环一环套一环，犹如唱片中的纹道。

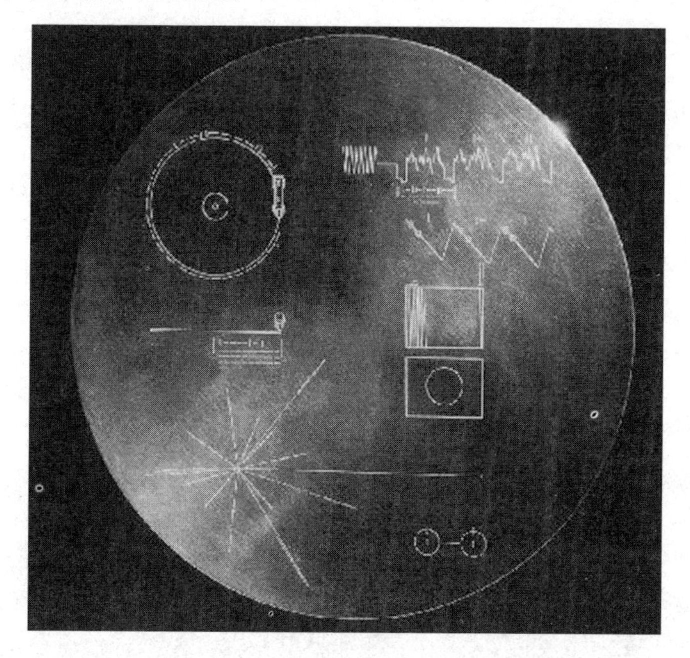

美国“旅行者1号”上的金属碟片留给外星人的信息

“先驱者11号”是第二个飞向木星和外太阳系的探测器。“先驱者11号”拜访完木星、土星后，朝离开太阳系的方向前进。1995年9月，该探测器的信号消失。

“旅行者1号”是一个无人外太阳系太空探测器，重815千克，于1977年9月5日发射。它曾到访过木星及土星，第一次提供了它们的卫星高解析度清晰照片。它是离地球最远和飞行速度最快的人造飞行器，真正意义上飞出了太阳系，首次进入星系空间。“旅行者1号”与其姊妹船“旅行者2号”携带的钚电池（核动力电池）将持续到2025年。当电池耗尽之后，它们会停止工作，将继续向着银河系的中心前进。2012年6月14日，美国航空航天局（NASA）宣布，“旅行者1号”探测器在经过长达35年的长途跋涉，飞行约合177亿千米之后，目前已经接近太阳系边缘。

1986年1月24日，“旅行者2号”飞抵天王星旁，在距离天王星中心10.7万千米处对其进行了一系列科学探测和照片拍摄，获得了大量的科学资料。

天王星被汪洋大海所覆盖，其深度达8000千米，海水温度也高达几千摄氏度。由于洋面上压着沉重的大气，因此超高温的海水未能沸腾，反过来，又恰恰由于这种超高温，才阻止了高压把海水“压凝”。探测结果表明，天王星是由彗星构成的。“旅行者2号”还揭开了天王星的另外两个谜：一是天王星没有坚实的固体外壳，是在厚密大气包围下的超高温水球，但其内核却是与地球内核差不多大小的熔化岩心；二是天王星上也有磁场，不过强度较弱，并且扭曲且毫无规律，科学家认为，这可能是由巨大的海洋和岩心缓缓扰动而引起的。天王星的光环是20个左右，它的颜色也不尽相同，有红色的，也有蓝色的，但整体光环均较暗。天王星的卫星有10颗。

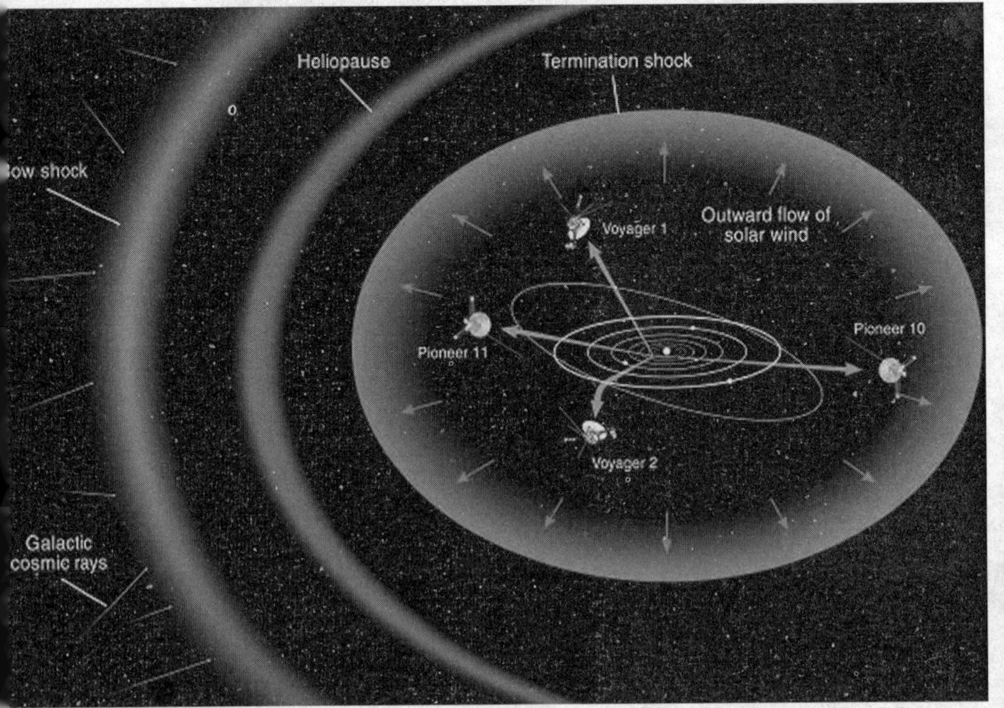

美国四颗正在试图飞越太阳系的探测器：“旅行者”1号、2号，“先驱者”10号、11号

海王星处在太阳系的边缘，离我们有45亿千米之遥，我们历来对它知之甚少，在地面上用望远镜观测只不过是一个亮点。“旅行者2号”飞船在太空中遨游了12年，行程达72亿千米，终于在1989年8月25日追近了海王星，实现了对海王星的近距离考察。“旅行者2号”向地面发回六千多张海王星及其卫星的照片，揭开了这颗神秘莫测的蓝色行星的面纱。海王星的卫星有8颗。海王星有5条光环，2条明亮，3条暗淡。海王星光环是由彗星碎片构成的。

1989年10月，美国航天局用“亚特兰蒂斯号”航天飞机把“伽利略号”探测器送上了太空。

1997年10月，耗资33亿美元的“卡西尼·惠更斯号”发射。参加“卡西尼·惠更斯计划”的国家一共有17个，它是人类进入太空时代以来最激动人心的大型国际合作项目之一。其中，“卡西尼”母船由美国航天局建造，名字是为了纪念意大利天文学家乔凡尼·多美尼科·卡西尼，他发现了木星大红斑；“惠更斯”着陆器是欧洲航天局建造的，是为纪念荷兰天文学家克里斯蒂安·惠更斯而得名，惠更斯发现了“土卫六”。2004年12月，“卡西尼”飞抵土星，将所携带的“惠更斯”探测器弹出，“惠更斯”独自飞向“土卫六”，而“卡西尼”则继续围绕土星运行。2005年1月14日，“惠更斯”穿越“土卫六”的大气层，降落到“土卫六”表面。“惠更斯”在着陆后继续向母船传送数据，直到半小时后电池耗尽。“土卫六”与地球很相似。

进入20世纪90年代，美国航天局发射了很多无人探测器。美国走在了探索宇宙的前列。

11 偷窥宇宙的太空望远镜

◇………………

现代天文学史其实是望远镜的历史。1609年，当伽利略将世界上第一架天文望远镜伸向星空的时候，人们通常认为这是现代天文学诞生的标志。然而，地面上的望远镜不可避免地要遭受大气层的影响，于是天文学家设想，如果能将望远镜移到太空，就可不受大气层的干扰，得到更精确的天文资料。为了这个目的，美国航天局实施了太空望远镜计划。现在，已经有四架太空望远镜先后在太空运行。它们是：观测可见光波段的“哈勃”太空望远镜，观测红外波段的“斯皮策”太空望远镜，观测X光波段的“钱德拉”太空望远镜，观测γ射线波段的“康普顿”太空望远镜。

“哈勃”太空望远镜是世界上最先进的太空观测仪器，也是人类第一架太空望远镜，运行在地球大气层外离地面约600千米的轨道上。它是以美国已故著名天文学家、宇宙大爆炸理论创造人埃德温·哈勃的名字命名的，由美国航天局和欧洲空间局联合制造，于1990年4月25日由“发现号”航天飞机送入太空。它的外形犹如长翅膀的大型公共汽车，长12.8米，镜筒直径4.3米，重11600千克，运行在587千米的轨道上。它的观测能力非常惊人，就像能从北京看到1.4万千米外的华盛顿谁在一闪一闪地抽烟。它可以从地球上看清月球上手电筒发出的闪光。正因为如此，它的造价很高，连同地面支持系统总共耗资达21亿美元。

美国“哈勃”太空望远镜

但是，“哈勃”太空望远镜升空以后，科学家们发现它拍摄的图像并不清楚。专家们进行了全面检查分析，结果发现，制造“哈勃”望远镜的加工模具被装偏了1.3毫米！结果，用它造出的直径2.4米的主反射镜也出现了1.3毫米的偏差。主反射镜这一缺陷，使“哈勃”望远镜成了近视眼，不能辨别140亿光年外的物体，而只能清楚地显示140亿光年的物体。此外，“哈勃”的太阳能电池板还存在颤抖的毛病，这些问题都需要解决。

但是，如果把“哈勃”拖回地面修理，不仅难度难以想象，而且费用将十分高昂。所以，美国航天局准备派航天员到太空进行修理。

美国航天局精心挑选了7名航天员，他们都是有过多次太空活动的老手。1993年12月2日，“奋进号”航天飞机从肯尼迪太空中心升空，去修理那架已经在太空飞行了三年半多的“哈勃”太空望远镜。在此之前，已经做了大量的准备工作，包括试修望远镜的训练，以避免飞入太空修理望远镜时可能出现的问题。为了使航天飞机和望远镜能够顺利会合，地面控制人员已经在事先遥控调整了望远镜的飞行姿态，并关闭了它的电源。12月3日，“奋进号”整天追赶“哈勃”太空望远镜。12 月 4 日，“奋进号”看见了“哈勃”太空望远镜，当航天飞机从后下方接近到距离望远镜不到 10 米处时，它们的相对速度几乎下降到每秒钟 2.5 厘米，彼此几乎处于静止状态。这时，航天员将航天飞机上 15 米长的机械臂伸出，在太平洋上空捕捉到了望远镜，并且成功地把它拉入敞开的机舱内，加以固定等待修理。12 月 5 日，在升空的第四天，两名航天员第一次太空行走，将近 8 个小时，更换了两个陀螺仪，以便使望远镜能够精确地对目标定位。12 月 6 日，两名航天员将欧洲空间局提供的新太阳能电池板给望远镜换上，旧的一块已经严重损坏。新的电池板在阳光下闪着金光，它们的背后是那漂亮的蓝色地球。12 月 7 日，这是上天的第 6 天了，航天员给望远镜安装了一个新型的行星照相机和望远镜成像仪中的定位地磁仪。12 月 8 日，航天员进行了第四次太空行走，进行极为重要的更换工作。先是拆除了原来的高速光度计，在那里安装了光学矫正替换箱，其中除了矫正透镜外，还装有一架暗天体照相机、一台紫外摄谱仪及另外几台仪器。安装矫正透镜后，好比给近视者戴上一副近视眼镜，为哈勃矫正视力。12 月 9 日，完成了第五次太空行走，把修理好的太空望远镜又送回了太空，就好像把一条珍贵的鱼重新放回大海一样。

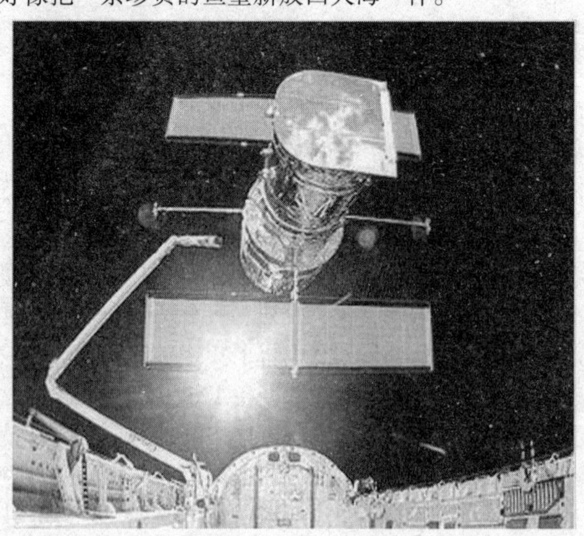

美国航天飞机的机械臂把“哈勃”望远镜拉入机舱内修理

美国总统克林顿对这次航天活动给予了极高的评价，他打电话给“奋进号”上的航天员，称这是历史上最壮观的航天活动之一。此次修复哈勃的费用为2.51亿美元，“奋进号”航天飞机的飞行费用为3.78亿美元。

在太空中修复“哈勃”望远镜，像实现了的科学幻想故事一样，是科学史上应该大书特书的一件事，是一次科学实验的远征！

1993年12月26日，美国维修“哈勃”望远镜后拍到一组奇怪的照片，这些照片清楚地显示出，在茫茫的太空中有一大片光辉灿烂的城市。

美国维修“哈勃”望远镜后拍到的奇怪的照片

这些照片引起争论。有人认为那片城市是“天国”，是神的住所。而无神论者则说，是照片出了问题。美国航天局的专家证实，这些图片曾引起美国前总统克林顿和副总统戈尔的兴趣。美国航天局还曾按教皇约翰·保罗二世（2005 年去世）的要求，将照片传给他。但美国航天局拒绝对照片的报道做出评论。事情的真相不得而知。有人相信，也有人提出异议。

自美国“哈勃”太空望远镜 1990 年升空，至 2015 年 4 月已执行了 120 多万次观测任务，观察了超过 38 000 个天体。截至 2015 年 4 月，直接或间接通过哈勃望远镜的成果而发表的科学论文数目，达到 12 800 篇。平均每个月哈勃都会产生 829G 观测数据，累计已超过 100T。现在我们在互联网上看到的绝大部分精美绝伦的宇宙图景，都是它拍的，它让我们惊叹，大开眼界。

美国“哈勃”太空望远镜拍摄到的经典星云照片

由于“哈勃”超强的观测能力，我们可以观测许多以前观测不到的物体与事件，使天文学取得了重大进展。没有“哈勃”太空望远镜，我们不知道还要在宇宙的黑暗中摸索多久。2002 年 3 月，利纳汉乘“哥伦比亚号”升空，为“哈勃”进行了第四次大修。这次维修主要是给“哈勃”换心、换眼，技术十分复杂，风险也很大，要在十小时内完成置换，否则太空中的低温将使“哈勃”太空望远镜彻底报废。所以，要求航天员手脚麻利，在很短的时间内更换太阳能电池板、电源控制装置、安装新相机等。什么样的人能胜任这样的工作呢？美国航天局最后找到了利纳汉，他虽然是一名兽医，但他曾给鲸鱼、大象、犀牛等动物做过手术，动作娴熟麻利。此次让他给“哈勃”动手术，没有选错人，此次“手术”成功，“哈勃”的观测能力又有提高，可以分辨地球上相距两米的两只萤火虫。

现在有人主张放弃这架太空望远镜，因为它的维修成本太高。但更多的人对“哈勃”留恋不舍。如果“哈勃”太空望远镜得不到必要的维护，太阳能电池和陀螺仪的老化将可能使它坠毁在太平洋。

虽然新一代太空望远镜“韦伯”已经在筹划，但科学家仍然希望“哈勃”能多服役几年。每年“哈勃”收到的观测申请都超过1000个。“哈勃”太空望远镜不愧是人类最优秀、最先进的望远镜之一。

“韦伯”太空望远镜计划于2013年发射，后计划推迟至2018年发射，2018年美国航空航天局再次宣布发射推迟至2020年。该望远镜是为了纪念美国航天局第二任局长詹姆斯·韦伯得名的。“韦伯”望远镜将使用红外线和可见光来观察。它将研究宇宙深处的“婴儿星系”、黑洞等。

“康普顿”太空望远镜在“哈勃”升空后一年，搭乘“发现号”航天飞机发射升空。该望远镜重达17吨，是最重的太空望远镜。它运行在距离地球大约450千米高的地方。它的名字是为了纪念美国物理学家、1927年诺贝尔奖得主阿瑟·霍利·康普顿。

美国“康普顿”γ射线太空望远镜

“康普顿”是人类当之无愧的“宇宙侦察英雄”。它曾探测到太阳耀斑余晖、高能量宇宙γ射线爆发、银河系中央高达2940光年的反物质“喷泉”、可能由小型黑洞组成的一群奇特而强大的γ射线源……它投入使用后，人类改变了对宇宙的整体认识。天文学家先前曾认为γ射线爆发只能在银河系中才能探测到，而“康普顿”升空数月后，科学家证明γ射线源可能位于宇宙的四面八方。

“康普顿”γ射线观测台主要观测宇宙中最强的一段电磁波谱——γ射线，特别是γ射线暴。γ射线暴是宇宙中最强烈的能量爆发现象。有研究说，地球历史上数次生命灭绝事件，有可能是γ射线暴所为。甚至恐龙灭绝事件也可能是γ射线暴所致。

2000年，“康普顿”γ射线观测台保持姿态控制的设备失灵，美国航天局被迫让其坠毁太平洋。

1999年7月23日，“哥伦比亚号”航天飞机将“钱德拉”X射线太空望远镜送上了太空。它能帮助天文学家搜寻宇宙中的黑洞和暗物质，从而更深入地了解宇宙的起源和演化过程。该望远镜以印裔美籍天体物理学家钱德拉·塞卡的名字命名。钱德拉·塞卡1983年获诺贝尔奖，1995年去世。“钱德拉”梵语有“月亮”和“照耀”的意思。

美国“钱德拉”太空望远镜

“钱德拉”望远镜的造价高达15.5亿美元，加上航天飞机发射和在轨运行费用，项目总成本高达28亿美元。它是至今人类建造的最为先进，也最为复杂的太空望远镜，设计寿命5年以上，甚至有望超过10年，被誉为“X射线领域内的哈勃”。

2003年8月，“斯皮策”太空望远镜搭载“德尔塔”火箭发射升空，它是唯一的一架不经由航天飞机发射的太空望远镜，是人类历史上最大的红外波段太空望远镜。

由于红外线可以穿透密集的尘埃云气，所以“斯皮策”太空望远镜可以观测到很多可见光无法看到的天文现象。它可以帮助天文学家进一步搞清行星、恒星、星系是怎么形成的。

12 国际空间站

◇ ……………

目前，正在运行的国际空间站是由美、俄等16个国家联合建造的运行在近地轨道上的巨型航天器。它耗资600亿美元，于2005年建成。整个空间站需俄罗斯火箭48次发射和美国航天飞机30次飞行运送，最终在轨道上组装完成，可载7人长期工作。目前，在太空运行的国际空间站的基本部分，是由1998年11月发射的俄罗斯"曙光号"功能货舱与同年12月升空的美国"团结号"节点舱对接而成的。该国际空间站美国原来称"阿尔法"空间站。"阿尔法"是第一个希腊字母的译音，人们常用它表示第一个的意思。美国的提议显然暗指这个空间站是第一个，因而立即遭到俄罗斯方面的反对，在他们看来，"和平号"就是第一个，如果非要用希腊字母命名，也应该叫"贝塔"（意指第二个）。因此，俄罗斯和其他国家都把这个空间站称为"国际空间站"，只有美国媒体而且是部分媒体，称其为"阿尔法"空间站。

不怀偏见的人都会猜测到，美国方面在提出使用"阿尔法"的建议背后，很难说没有歧视俄罗斯的意味。由于财力有限，此前俄罗斯方面负责的项目没有按期完工，就遭到美国方面的抱怨，而俄罗斯力图继续维持早已超期服役的"和平号"也使美国方面不满，这都是人所共知的。美国总有些人认为自己财大气粗可以为所欲为，对俄罗斯在"和平号"空间站上所取得的技术进步视而不见。

俄罗斯和美国的西方盟国没有接受“阿尔法”的提法，完全可以理解。为一个飞行器起名，看起来是小事，其实是涉及国家民族尊严的大事。在20世纪60年代，英、法两国研制“协和号”超音速客机时，就发生了关于名字的争论。当时双方本来已经取得一致意见，将新飞机取名“协和”，但是却在采用英文还是法文的协和（其实差别只是一个字母）上争论不休，最后还是以英国使用英文的协和、法国使用法文的协和这样一个妥协方案了事。

国际空间站

国际空间站是第四代空间站，是一体化组合空间站。一体化组合空间站的概念首先由美国的空间计划提出，最终体现在国际空间站的设计方案中。国际空间站由美国、俄罗斯、欧空局、日本、加拿大等国家和组织合作建造。其建造过程是：先将“曙光号”多功能货舱送入轨道，再将“团结号”节点1舱送入轨道，并实现两者对接和组装。然后再将气闸舱、实验舱、居住舱、大桁架等构件发射入轨，并在轨道上实现装配。大桁架安装在舱段组合体上，其上再装配太阳能电池阵、移动服务系统和外露试验设施。全站有统一的服务设施（可沿大桁架移动的机械臂）、统一的姿态控制系统，集中供电、供气、散热，使每个组成模块的功能单一化，提高了全站的效率。

国际空间站的轨道组装工作于1998年开始，截至目前已经基本建成。建成后的国际空间站质量达到453吨，总加压舱容积为1200立方米。在空间站运行期间，航天员的替换和物质的补给由载人飞船、货运飞船和航天飞机提供。在国际空间站上，有6个实验舱段组成的庞大实验室。这些实验室运用了当代最先进的科学技术，世界各国的生物、化学、物理以及其他学科的研究都在这里进行。许多年来，科学家们已经在航天飞机和“和平号”空间站上进行了实验和研究工作。全球最大的制药公司与美国航天局合作，试图在空间研究出治疗癌症、糖尿病、肺气肿和免疫系统失调的药品和方法。

目前科学家已经发现，在太空失重情况下，蛋白质晶体可以比地球上生长得更为纯净。通过对这些晶体的分析，科学家可以更深入地解开蛋白质、酶和一些病毒之谜，这有助于研制出新的药物和更好地了解生命的基本构造。

失重、宇宙辐射等空间条件，将给人体带来包括肌肉萎缩、心血管功能降低和骨质疏松等变化。这种影响到底有多大，怎样减轻和克服这种影响，将是未来国际空间站研究的课题之一。在国际空间站上，科学家们将研究处于微重力条件下人体的变化和影响。微重力条件下的生命科学研究，可使人类为探索太阳系，甚至实现火星着陆和居住等提供理论基础。当然，这些理论，还可以使人们更好地了解人体某些疾病的成因、演变，并找出治疗方法。

国际空间站作为空间平台，开展外层空间研究，很大程度上是为了研究人类生存的地球。在空间站上可以获得地球上无法得到的全球景象，并可以对地球变化进行持续跟踪。这些研究有助于人类了解山脉、森林、火山、飓风和台风等自然界的变化和城市污染、生存环境变化等的原因。在国际空间站上，除了开展地球研究外，其研究范围还包括海洋、生态学等各个学科。当然，航天站上还有重要的军事使命，其细节局外人是不得而知的。

五 火箭“牛人”的对决

01 苏联航天的掌门人——科罗廖夫

◇ ………………

苏联航天专家谢尔盖·科罗廖夫，是苏联航天的灵魂人物。他曾是古拉格群岛的劳改犯，他的人生经历十分传奇。

谢尔盖·科罗廖夫 1907 年 1 月 12 日出身在乌克兰瑞特米尔城的一个语文教师家庭。儿童时期，科罗廖夫充满幻想。在童年时代，人类能够飞行和我要飞向蓝天的想法已深深地铭记在科罗廖夫的脑海中。科罗廖夫四五岁时，常常骑在外祖父的肩上，去看飞行员的飞行技艺表演。科罗廖夫可以长时间、目不转睛地盯着飞行天穹的飞机。有一次，科罗廖夫向母亲要两条床单，想用床单做成翅膀学飞行。他还认真地对母亲说："我哪怕是从这个屋顶飞到那个屋顶也好。"当母亲告诉他这样的翅膀不能飞行时，他疑惑不解地问："那么鸟是怎么飞起来的呢？"

谢尔盖·科罗廖夫

他对学习有浓厚的兴趣，爱好也极其广泛。他酷爱数学，成绩也很好。他对文学有极大的兴趣，还在上中学时，就入迷地阅读果戈理、叶赛宁和普希金的作品。《战争与和平》他看了好几遍，对这部文学巨著总是赞叹不已。他可以大段大段地背诵托尔斯泰的作品和叶赛宁的诗句。他还读过里德、库柏、大仲马等人的作品。同时，他还十分喜欢音乐，能够连续几小时听柴可夫斯基的音乐作品，还学了一个冬天的小提琴。这些对他高尚品质和优良作风的形成都起到了潜移默化的作用。

1924 年他进入基辅工艺学院空气动力学系深造，1926 年又从基辅转学到莫斯科包曼高等工艺学院学习，并有幸成为闻名遐迩的飞机设计师图波列夫的学生。图波列夫非常器重这个聪颖能干的青年。从学校毕业以后，科罗廖夫正式加入了图波列夫飞机设计局，成了图波列夫最得意的学生和助手。

在图波列夫心目中，科罗廖夫是一个出色的飞机设计师和勇敢的新飞机试飞员。但是，科罗廖夫自己并不满足于大气层中飞行的飞机。他的理想是到宇宙空间中去旅行。20 世纪 30 年代初，他拜访了著名的火箭理论家齐奥尔科夫斯基，参加了苏联刚刚创建的火箭反推进研究小组，开始研究大型火箭，立志实现空间飞行。

科罗廖夫是一个天资聪明而又勤奋好学的人，很早就显露出超群的才干。他 25 岁时就编写出版了专著《火箭发动机》，26 岁时成功地参与设计了苏联第一枚液体火箭，27 岁那年又写出另一本专著《火箭飞行》，29 岁时和同事们一起成功地设计了苏联第一代喷气式飞机……然而，就在此时，苏联的肃反运动扩大化并波及军界，火箭主设计师科罗廖夫也受到株连，被押解到西伯利亚，罚做苦役。于是，这位年仅 31 岁、风华正茂的年轻设计师带着满脑子太空旅行的幻想，悲愤地告别了他最心爱的火箭事业，来到西伯利亚的古拉格集中营一个荒无人烟的小岛，成了一个开挖金矿的苦工。他才华横溢却处境悲惨。那里的苦役生活苦不堪言，年轻的科罗廖夫受尽折磨。他得了败血症，牙龈出血，牙齿几乎掉光，下颚被打裂，濒临死亡。

面对不白之冤，科罗廖夫没有倒下，在监狱里，他和他的同事们一起，研制出了令德国人闻风丧胆的“喀秋莎”火箭炮，为苏联赢得战争的胜利做出了贡献。

20 世纪 40 年代初，经图波列夫营救，科罗廖夫才脱离死牢，转到第 4 号特种监狱工厂研制火箭。虽然，他们从事的是科研设计工作，但身份是囚犯，每天工作 12 小时，警卫森严，不得随便聊天，毫无行动自由。就在这种条件下，他先后成功地设计了苏联第一代导弹和中程导弹。科罗廖夫专心致志地从事前线所需要的研究工作，与格鲁什科等人一起研制了重型轰炸机的火箭起飞加速器、高空喷气歼击机上使用的火箭发动机等。他亲自参加试验飞行，将个人安危置之度外。一次，液体火箭发动机突然爆炸，碎片击伤了他的头部，他被救出来时满身血迹，却欣慰地说:“好在我亲自参加了飞行，否则就无法了解火箭爆炸时的真实情况。重要的是，我找到了发动机爆炸的原因。”

科罗廖夫表现出来的这种坚毅顽强、勇敢无畏的精神，是令人敬佩的，也是每一个致力于科学事业的科研人员必须具备的。没有这种精神就不可能在科研事业中取得半点成绩。

第二次世界大战结束以后，苏联俘获了一批德国火箭专家和 V－2导弹的资料、部件。由于科罗廖夫能讲流利的德语、英语和法语，前线需要专家来鉴别 V－2 火箭，科罗廖夫才重获自由。他在监狱中度过 6 年多的时间。由于他的特殊专长，他被任命为苏联专门进行火箭技术研究的第 88 研究院总设计师。

历经坎坷的科罗廖夫深感时间的宝贵，他带领手下的工程技术人员发奋工作，取得了显著的成绩。科罗廖夫和同事们利用德国专家的智慧和 V－2 火箭的大量资料，在一年时间里，研制、发射成功苏联第一枚弹道式导弹。1947 年至 1953 年间，已是导弹总设计师的科罗廖夫，取得了一连串重要成果，包括仿制和自行设计的近程、中程、远程和战术导弹。1949 年，他设计的中程导弹开始装备部队。科罗廖夫这个当过苦工的火箭专家逐渐受到了苏联军界和政界的重视。

在这段时间里，科罗廖夫给他的妻子尼娜·伊万诺芙娜写了许多信，多次谈及当时工作的紧张和艰难。科罗廖夫在信中说:“我们的工作困难很多。”“我始终在这里履行自己的义务，而且我相信，我们一定会满载而归。”“我时常感到困难；我相信我们的知识和付出的劳动，相信我们会吉星高照。”科罗廖夫在给他的妻子的信中流露出对他所从事的事业的无比热爱之情，对事业的成功充满信心。

从 1953 年开始，他领导研制 P－7 洲际弹道导弹，1956 年又将 P－7 导弹改装成准备发射人造地球卫星的运载火箭。1957 年 8 月 3 日，这枚射程可达 7000 千米、能够打到美国本土的洲际导弹试射成功。

1957 年 10 月 4 日，科罗廖夫大胆采用捆绑式火箭，成功发射了世界上第一颗人造卫星。各国首脑和各地报纸纷纷发表谈话、评论，惊呼苏联超过了美国。20 世纪 50 年代末，美国开始在报刊上讨论正在研制中的“水星号”载人飞船。赫鲁晓夫为了保持空间领先地位，下令研制载人飞船。经过科罗廖夫及其同事们呕心沥血的工作，1961 年 4 月 12 日，世界上第一艘正式载人的飞船终于发射成功。苏联航天员尤里·加加林乘坐“东方号”飞船顺利升入太空，而“东方号”的总设计师就是科罗廖夫。

世界各国高度赞扬科学上这一巨大成就。科罗廖夫为苏联赢得了极大的声誉，可是苏联政府仍不准他公开露面。具有讽刺意味的是，虽然这时他已拥有私人别墅，可是别墅的保卫人员就是当年监狱工厂的警卫。

而科罗廖夫虽已从被关押的劳改犯变成被“保护”的“要人”，但他在睡梦中时常发出“混蛋，快起来！马上出发!”的咆哮声，那苦难岁月的阴影还笼罩着他。

科罗廖夫毕生以列宁为榜样。在他住所的工作室内挂着一幅油画，那是列宁冒着暴风雪和生命的危险，避开沙皇的暗探，走在芬兰湾的冰面上的故事。科罗廖夫十分钦佩列宁这种刚毅的性格和不畏艰难的精神。他在马列主义夜大学考试时，引用了诗人马雅可夫斯基的诗句:“我在列宁的阳光下清洗自己，为的是在革命的大海中继续远航。”科罗廖夫认为，不领会马列主义经典著作的精神，就无法生活、斗争和胜利，这就是他为什么在极其紧张的劳动的同时，仍然要挤出时间读完马列主义夜大学的原因。

科罗廖夫在为加入苏联共产党做准备。介绍他入党的是曾经和他一起在反作用运动研究小组共事的波别多诺斯采夫教授。这位教授动情地说:“尽管科罗廖夫还没有党证，但是正像人们常说的那样，他实际上是一个不是党员的党员。他提出要我当他的入党介绍人，我非常高兴完成他的请求。”他的另一位入党介绍人是火箭制造业元老伊万·马特维耶维奇·里亚博夫，他在许多年之后仍然兴奋不已地说：“直到今天，我为介绍科罗廖夫加入列宁缔造的党而感到自豪。科罗廖夫一生是一个高标准的共产党员。”

1953年7月30日，科罗廖夫郑重地向党组织递交了入党申请书。在全体党员大会上，党员们聚精会神地聆听了科罗廖夫的发言，大家一致同意吸收科罗廖夫为苏共党员。当科罗廖夫从老党员手中接过号码为0868375的党证时，他用激动得发颤的声音说：“我将永远珍视列宁党的党员称号。”

这是科罗廖夫人生中的转折点，他从一位著名的科学家成长为光荣的共产主义战士。

航天史上的多项世界纪录证明，只要有科罗廖夫，美国航天就不会很顺利。

科罗廖夫永远不给美国人喘息的机会。在冷战期间美苏两国的太空竞赛中，苏联人一度出尽了风头，总是与一连串的“第一次”联系在一起。科罗廖夫不仅主持发射了人类第一颗人造地球卫星，还亲自敲定了苏联的航天员，开发了苏联的宇宙飞船，他亲自将人类第一位航天员——加加林送上太空。一时间，举世震惊。他还亲手拉开了人类探测地球之外太阳系其他星球的序幕。接下来，科罗廖夫又指挥了人类第一次太空行走，人类第一位女航天员、月球背面的第一张照片、筹备人类第一个太空站……这些人类历史上杰出的成就都紧紧地和科罗廖夫联系在一起。科罗廖夫一个个实现着自己的梦想，保持着苏联在太空第一的位置。

科罗廖夫和航天犬

科罗廖夫开启了人类太空探索的新纪元，并为苏联赢得了一系列的世界第一，完成了从作为武器的火箭向载人火箭的跨越。虽然现在他闻名于世，但是从20世纪40年代在古拉格工作一直到就任苏联空间计划的总负责人，他的存在一直鲜为人知。东西方冷战正酣时，苏联当局绝口不提科罗廖夫的名字，他永远都是隐姓埋名地以“总设计师”的身份存在。直到死后，苏联当局才认可并高度赞扬了这位幕后英雄对太空开发计划所做出的巨大贡献。甚至在去世后，他的身份也被众多的传言包围着，以至于他成了苏联科学界中的一个传奇人物。

他离世十几年后，苏联一批机密档案被公开，全世界才知道曾有科罗廖夫这么一个火箭天才存在过。

在这期间，科罗廖夫曾有两次获诺贝尔奖的机会，但由于苏联对科罗廖夫的严格保密，他没有机会获得。

第一颗人造地球卫星发射成功后，瑞典科学院曾提名卫星设计者获诺贝尔奖，但当写信询问设计者是谁时，赫鲁晓夫回答说：“是全体苏联人民。”

科罗廖夫在工作中从来都不给自己喘息的机会。由于过度劳累，他在古拉格服役时遗留下的病根发作了，他的心脏开始不堪重负。

科罗廖夫病了，累倒了，1966年1月5日住进了医院。很凑巧，他的母亲玛丽娅·尼古拉耶芙娜也住在这家医院里，母子这时才得以在一起追溯往事，思考未来。

航天员们去医院看望他们的导师科罗廖夫，见母子俩对膝而坐，十分亲密。科罗廖夫的膝盖上放着厚厚的书:《爱因斯坦研究》，旁边放着《真理报》。

加加林感到谈话使科罗廖夫累了，于是匆匆地看了一下腕上的手表。

科罗廖夫意识到加加林要走，顺便和妻子说了一句:“我的表停了。”

加加林立刻从腕上摘下自己的手表，送给科罗廖夫，而科罗廖夫执意不收。加加林像个孩子似的说:“我恳求您啦，就算是我一点小小的礼物吧!”

科罗廖夫终于收下了第一位航天员的手表，并把它戴上。加加林满意地笑了，但他无论如何也没有想到，这竟是他们之间的最后一次见面。

1966 年 1 月，59 岁的科罗廖夫突然在医院中病逝，官方说法是科罗廖夫的肠道中出现了癌症肿瘤。其实，当时科罗廖夫只是住院做一个痔疮小手术，没想到却送了性命。据抢救的医生说，由于科罗廖夫在古拉格集中营遭受过非人的审讯和拷打，他的下颚已经严重损坏，因此不能带氧气罩，造成没有办法抢救科罗廖夫。科罗廖夫终于没有能看到他倾注最后生命的“礼炮号”空间站上天。

科罗廖夫有两个深藏在心底的理想，这是他准备在上年纪时实现的理想，他打算为自己的导师——齐奥尔科夫斯基写一部传记，还要写一部四卷的航天学著作。从他草拟的计划和搜集的素材可以看出，科罗廖夫计划在这部有重要价值的书中总结在火箭和航天技术活动中积累的丰富理论和实践经验，阐述自己对于宇宙的未来的研究，利用宇宙为基础科学和应用科学服务、为国民经济服务和造福人类的观点。但是，科罗廖夫没有来得及进行。

科罗廖夫过早地辞世了，但科罗廖夫的成就、精神、理论却永久地留在了世间。作为应用宇宙航行学奠基人，他把自己的名字写入了人类进步的史册。

科罗廖夫去世后，苏联的太空计划陷入迷茫，而美国的航天优势则开始绽放，冯·布劳恩开始有机会迎头赶上。从某种意义上来说，整个美苏的太空竞赛就是科罗廖夫与冯·布劳恩两个火箭“牛人”的战争。在科罗廖夫逝世的 1966 年，冯·布劳恩只有 54 岁，他很健康，而且踌躇满志，他相信失去科罗廖夫的苏联，已是泥足巨人，用不了几年，太空和月球上，将会更多地响起“山姆大叔”的声音……

但隐没在这场白热化争斗后面的两个人——科罗廖夫与冯·布劳恩，直到冷战结束后的许多年过去，才由英国 BBC 电台一部名为《太空竞赛》的纪录片披露出来。

02 美国航天总指挥——冯·布劳恩

◇ ……………………

冯·布劳恩是美国从德国俘获而来的火箭专家。他是一个明星人物，他和科罗廖夫一样，在战争与和平年代频频发光闪耀，虽然他们各为其主，却没有影响他们对太空的同一信仰，他们推动了一个又一个探索太空奇迹的诞生。他们互相欣赏，又互相你追我赶，天生一对太空领域的冤家。冯·布劳恩的父亲曾经是德国的农业部长，祖上则是古老的普鲁士土豪，他的先人曾与蒙古人打过仗。

布劳恩的童年遵循着大多数天才成长的故事模本：这个出身于东普鲁士波森省维尔西斯贵族世家的孩子天生好静，6 岁生日时母亲赠送的天文望远镜让他对遥远的星球产生了挥之不去的兴趣。

少年布劳恩即有很强的实验精神。有一天傍晚，柏林使馆区内的蒂尔加滕街，宁静的气氛被爆炸的巨响打破，浓烟从街心冲天而起。警察抓住了一个 13 岁的男孩。原来这个调皮的孩子用 6 支特大焰火绑在他的滑板车上。导火索点燃后，滑板车失控飞了出去。这个男孩就是布劳恩。他小的时候，很有点恐怖分子的味道。为此，他在警察局被关了一夜，回家后，又被极为震怒的父亲关进书房，就在这时，他看到了著名科学家奥伯特的《通向航天之路》一书。

后来，布劳恩在苏黎世高等技术学校读书时，参加了奥伯特创建的德国空间旅行学会，并很快成为董事会成员。1930 年，布劳恩进入柏林大学，成为奥伯特的学生和助手。

冯·布劳恩后来为纳粹德国研制火箭，他研制的 V－2 火箭飞行速度非常快，6 分钟便能从德国飞到英国，轰炸伦敦。在第二次世界大战后期，美苏情报界都想活捉布劳恩，纳粹高层也准备失败后枪毙布劳恩，不让他落入美苏之手。冯·布劳恩面临着各方面的危险。他该何去何从？到苏联去？不行，他反感共产主义；到英国去？也不行，他间接杀了很多英国人，英国人不会饶了他；他最后盘算，也许投降美国人是最佳选择。

与此同时，美国派出了执行“回形针计划”的“阿尔索斯”突击队，开始秘密搜捕纳粹火箭专家。1945 年 4 月，美国不顾约定，抢先进入本属于苏军占领区的诺德豪森市，俘获了 492 名德国导弹专家和 644 名家属，还在那里的地下工厂里运走了大量图纸、资料以及已经造好的 100 枚 V－2 火箭，足足装了 300 个车皮……带不走的设施，则被炸毁。美国成功实施了“回形针计划”，裹走了几乎所有德国火箭资源。就在美军撤走后 6 小时，苏联军队赶到了，发现这里已是人去楼空。5 月 2 日，美军终于在慕尼黑城郊抓到了冯·布劳恩，或者说，冯·布劳恩是出来主动投降美国的。当冯·布劳恩出现在美军军营时，美国人几乎惊呆了：就是这么个年轻人，是制造 V－2 导弹的专家！一位美国步兵说：“如果我们抓到的这个家伙，不是世界上最大的科学家，那他一定是世界上最大的骗子。”美国国防部还派出了国防部科学团，团长是美国的冯·卡门，冯·卡门的主要助手就是日后大名鼎鼎的钱学森。钱学森和美国咨询团提审了包括冯·布劳恩在内的纳粹火箭专家，考察了德国火箭设备和技术成果。这些成果，对后来美国空军、美国航天局的喷气推进试验室作用巨大。

在提审过程中，钱学森和美国咨询团很惊讶地获知，冯·布劳恩竟然已经开始着手研究射程近 5000 千米的远程导弹。美国纽约正是德国的目标。

冯·布劳恩被送到美国陆军弹道导弹局。1955 年，布劳恩和他的同事们宣誓加入了美国国籍，次年他开始担任美国陆军导弹局发展处处长，先后完成了“红石”和“丘比特”等火箭的研发任务。

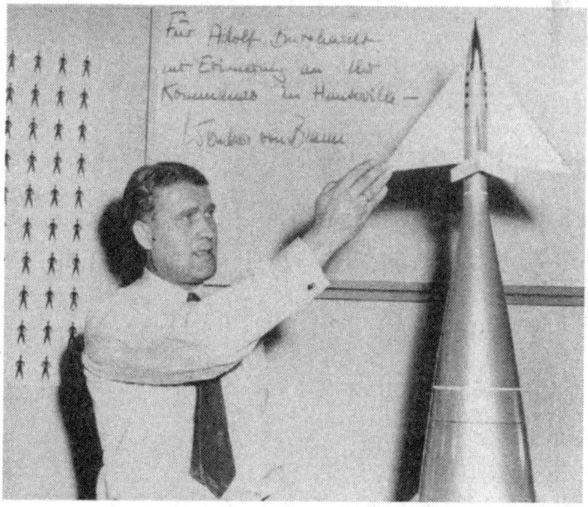

工作中的冯·布劳恩

1957年10月，苏联抢在美国前头成功发射了世界上第一颗人造地球卫星，之后，又发射了载有小狗的卫星，这使得一向骄傲自大的美国大受打击。因为，这是一件越想越大的事，大到影响资本主义世界的形象，怎么能让一个金属小球或一只狗飞在自己头上呢？如果这个金属小球或小狗是核武器，那可就不得了了。失望、沮丧和愤怒情绪笼罩着整个美国。面对着苏联的太空优势，白宫坐不住了。

美国高层启动“先锋号”计划，决定用“真正的美国人”来发射第一颗卫星，把“二等公民”布劳恩晾在了一边。但偏偏“先锋号”的团队不争气，发射接连失败。胸有成竹的布劳恩此时挺身而出，向国防部承诺在90天内将一颗美国卫星送入太空。

1958年1月，布劳恩的混合运载火箭在佛罗里达州卡纳维拉尔角点火起飞。卫星发射成功了！布劳恩成为《时代》杂志的封面人物，也成为美国的民族英雄。

肯尼迪在1961年上台后，进一步加大了美国的空间研究投入，布劳恩启动了雄心勃勃的“土星”火箭计划，争取在10年内将人类送上月球。1969年7月，巨大的“土星5号”火箭运载着“阿波罗11号”，将阿姆斯特朗等三名航天员送上月球并带他们平安返回。布劳恩的个人荣誉这时也达到了顶点。

1975 年夏天，布劳恩和妻子在加拿大度假时发现自己身体不适。他被确诊为肠癌，最好的医生也回天乏术。1977 年 6 月，他在弗吉尼亚去世。

美国官方这样来形容冯 · 布劳恩:“毋庸置疑，他是史上最伟大的火箭科学家。他的最大成就是在担任马歇尔太空飞行中心总指挥时，主持‘土星 5 号’的研发，成功地在 1969 年 7 月首次完成人类登陆月球的壮举。”

六 人类航天的重大事故

人类航天的重大事故

◇ ……………

人类航天活动是一项伟大的事业，有挑战就会有牺牲。对未来的探索总是伴随着危险的，甚至可以说，这种危险是不可避免的，对航天事业来说尤其如此。在短短几十年载人航天活动过程中，曾出现过多次危机，发生过悲剧和灾难。

1．1960 年 10 月 24 日，苏联拜科努尔发射场爆炸。

在冷战思潮的影响下，克里姆林宫的当权者对苏联炮兵元帅米特罗凡·耐德林施加压力，使得后者不顾技术人员的反对，强令不顾燃料箱泄漏和电气故障发射火箭。当时，苏联拜科努尔航天发射基地正在组织发射金星探测器。当发射指挥员下达“点火”口令后，载有金星探测器的火箭发动机没有动静。当几十名火箭专家和工程技术人员急急忙忙冲向发射塔架查找故障时，由于火箭上的电源没有切断，火箭内电系统自动发出了起飞信号。火箭发动机在众多人面前喷出巨大的火焰，但被发射塔架包围的火箭终究飞不起来，瞬间便在发射台上发生了剧烈的爆炸，当场炸死、烧死科技工作人员和士兵 92 人，包括耐德林元帅本人。这是世界航天史上人员伤亡最多的一次灾难。

冷战的压力继续存在。三年后，1963 年 10 月 24 日，在拜科努尔基地，R9 导弹又因燃料舱氧气泄漏，导致了另一起爆炸事故，炸毁了导弹发射井，死亡 8 人。自此以后，10 月 24 日成为拜科努尔的“忌日”，40 年来从未在该日进行过任何发射项目。

2. 1961 年 3 月 23 日，苏联模拟舱起火，航天员被烧死。

邦达连科

1961 年 3 月 23 日，莫斯科郊外的航天训练中心，准备上天的首批航天员邦达连科、加加林、季托夫三人正在进行一系列模拟训练。最有希望先上太空的邦达连科在地面训练的最后一天，在高压氧舱里训练结束，用酒精棉擦完身上和固定传感器的部位后，竟随手将它扔到了一块电极板上，结果舱内燃起大火，他被严重烧伤。8 个小时后，24 岁的邦达连科悲惨死亡，成为世界上第一个死于事故的未上天的航天员。

3. 1967 年 4 月 23 日，苏联飞船着陆时爆炸。

1967 年，正是苏联十月革命胜利 50 周年，苏联政府准备以航天成就来庆祝。在一番技术改进后，为了在登月飞行上赶上美国，苏联匆匆开始了载人登月飞行试验。苏联的登月计划与美国不同，它开始先发射两艘飞船在轨道上会合并对接，通过太空行走，实现航天员的互换。

1967 年 4 月，苏联用载人的“联盟 1 号”和“联盟 2 号”进行太空对接试验。4 月 23 日莫斯科时间凌晨 3 时 35 分，苏联航天员弗·科马洛夫乘坐“联盟 1 号”宇宙飞船升空。发射一切顺利，当飞船飞行到第二圈时，出现了故障，飞船左边的太阳能电池板未能展开，飞船的工作电流只有 14 安培，是正常值的一半，导致飞船的能源不足，飞船操作动力减少一半，极大影响了飞船的运行。看来继续发射“联盟 2 号”与“联盟 1 号”进行对接已经不可能。地面控制中心被迫下达了让“联盟 1 号”返航的命令。然而返航也不容易。控制“联盟 1 号”返回地面的姿态有三种方式：星座定位、离子定位和手动控制。地面控制专家否定了第一种方法，因为飞船已没有足够的电源。第二种方法在日出时返回也不安全，因为日出时返回由于大气中出现了离子空洞，飞船的传感器可能因此失效。而第三种方法要求航天员从地平线获得方位，但是飞船进入地球阴影时，地平线不容易看到，系统操作起来相当困难。地面指挥中心做出决定，命令科马洛夫在第 17 圈时，用第二种方式返回地面，结果失败了。随后，科马洛夫又接到新的命令，在第 19 圈时，用手动控制方式返回地面，在哈萨克的奥尔斯克地区着陆。当时飞船仍处于地球的阴影内，科马洛夫利用飞船上的陀螺仪，控制着飞船的平衡。当飞船飞出地球阴影时，地平线出现在他的面前，科马洛夫及时用手动方式操作飞船返航。飞船上的发动机启动了，飞船脱离原来的轨道，向大气层冲去。早晨 6 时 24 分，“联盟 1 号”飞船开始着陆。据当地居民介绍，他们目睹飞船猛烈冲向地面，降落伞没有打开，飞船着陆时，发生了爆炸。经过一个多小时的挖掘，终于找到了科马洛夫的遗体。

世界上第一位在执行空间飞行时献身的航天员科马洛夫的遗骸

科马洛夫成为世界上第一位在执行空间飞行任务时献身的航天员。苏联为科马洛夫举行了国葬，他的骨灰被安葬在克里姆林宫的城墙下。

4. 1971年6月30日，苏联“联盟11号”发生惨剧。

1971年6月6日，“联盟11号”飞船从拜科努尔发射场发射升空，载有三名航天员：乔治·多勃罗沃尔斯基、弗拉基米尔·沃尔科夫、维克多·帕查耶夫。飞船经变轨飞行后，与世界第一个空间站“礼炮1号”交会对接成功，三名航天员进入了空间站。他们在空间站共停留了创纪录的23天18小时。6月29日晚9时，航天员离开“礼炮1号”返回。

6月30日1时35分，飞船启动制动火箭。在进入大气层前，返回舱和轨道舱分离。但两舱爆破分离时，返回舱的减压阀被震开，舱内急速减压，致使航天员在短时间内因急性缺氧、体液汽化而死亡。返回舱在降落伞减速下着陆。但当人们打开舱门时，看到的却是刚刚遇难的三名航天员。医生们在现场对航天员进行了徒劳无益的急救。

这次灾难的原因是飞船设计不合理，座舱非常拥挤，这使得返回程序明确规定，航天员在返回前必须脱掉航天服。为此，苏联航天负责人卡曼宁将军被撤职。这是苏联载人航天活动中最为悲惨的一次灾难。

事故又一次推迟了苏联空间站的使用计划，“礼炮1号”此后再无人进入。指挥中心不得不于发射后175天，发出降轨指令，使其坠入太平洋上空烧毁。“联盟号”飞船中断飞行达2年3个月，以改进“联盟号”安全性能，将乘员从3人减为2人，并增加了1套生命保障设备，规定在上升、返回段必须穿上航天服。

5. 1980年3月18日，苏联“东方号”燃料外泄导致爆炸。

1980年3月18日，苏联“东方号”运载火箭背驮着飞船，耸立在普列谢茨克发射场上。

确定的发射时间很快就要到了，45名身穿防护服的地面工作人员和往常一样进行着火箭发射前的各项准备工作，他们将粗大的燃料管紧扣在运载火箭的燃料箱上，往箱中加注着必不可少的液体燃料。就在加注燃料并做最后测试工作时，意外发生了，高挥发的液氧和液氢从箱中不知不觉地泄漏出来，当人们发现时，已引起一场冲天大火。近百万升的燃料卷着火舌，扑向发射架，扑向飞船，扑向在场的所有人员……火箭爆炸了。顿时，烈焰腾腾，浓烟弥漫，发射台、飞船连同运载火箭荡然无存，在场的45名工作人员当场死于非命。后来又有5人因严重烫伤不治而亡。调查结果是，这次爆炸原因是外部安装式火箭发动机里面的燃料外泄，导致50万千克推进剂着火爆炸。

6. 1983年9月27日，苏联“联盟T-10号”爆炸。

1983年9月27日子夜，正当人们进入梦乡的时候，载着两名苏联航天员的“联盟T-10号”运载火箭在夜色茫茫中点火起飞，准备飞向太空。可是，起飞点火约90秒后，发生了故障。只听一声巨雷般的爆炸声，装有70万千克燃料的第一级火箭猛地燃烧起来，航天员顷刻处在一片火海中，生命危在旦夕。但他们急中生智，迅速启动逃逸装置，从1000米的高空中弹射出去，迅速开伞，落在离燃烧发射台4000米以外的地方。航天员虽然得以生存，但火箭连同试验计划一起告吹。

7. 1997年2月23日，俄罗斯“和平号”失火。

当时，“和平号”空间站上有来自俄罗斯、美国和德国的6名航天员。事件发生在1997年2月23日晚10时35分，当时飞行工程师阿列克森德尔·拉佐特金正在用高X锂制氧装置进行研究。这个装置启动时会自动燃烧20分钟，同时释放氧气。当“和平号”空间站上有3名以上航天员时，俄国人就使用高X锂系统，周期性地补充氧气。

迹象表明，“和平号”空间站上这个装置的破裂使它点燃了其周围的区域，火焰由这个装置释放的氧气维持着，直至该装置工作90秒钟后氧气全部耗尽为止。为灭火消耗了3个灭火器，在“和平号”空间站上原有5个可用的灭火器。

在这起事件中无人受伤，危险仅限于“量子1号”舱内的2英尺见方的范围，但这是在轨航天飞行器上发生过的最严重的着火事件。“和平号”空间站发生火灾时正飞行在中非上空，与地面没有无线电联系。空间站几乎要绕地球飞行整整一圈后，机组人员才能通过位于瓦洛普斯岛的美国宇航局地面站把这一情况传送到俄罗斯的“和平号”控制中心。为避免吸入浓烟，在两天的排烟过程中，航天员们不得不戴着防毒面具睡觉。

8. 1961年7月21日，“独立钟7号”沉海。

美国航天员维吉尔·格里森于1961年7月21日7时20分搭乘“独立钟7号”太空舱升空，做189千米高度的低轨道飞行，飞行了15分37秒。当“独立钟7号”降落在预定海面时，格里森惊恐地发现太空舱门提前爆开，汹涌的海水开始灌入舱内。在海军潜水员的协助下格里森成功地逃出，但是回收直升机无法把灌满水的太空舱拉上来，只好割断吊缆任由“独立钟7号”沉入大海深处。事后，格里森否认是自己在慌乱中过早地拉动了舱栓，从而导致了这次事故。此后，美国航天局停止了航天员必须进行的低轨道飞行训练。

后来，格里森丧生于“阿波罗1号”火灾事故。1999年7月，在投资方的资助下，美国海底探险人员在距佛罗里达州卡纳维拉尔角西方约450千米外的15000英尺（约4572米）深的海底找到了“独立钟7号”，并成功地将其打捞出水。

9. 1967年1月27日，美国“阿波罗1号”失火。

1967年1月27日，美国三名航天员在“阿波罗1号”载人飞船中进行模拟发射试验，由于纯氧座舱突然起火而遇难。那天，肯尼迪发射中心进行“土星－1B”火箭发射“阿波罗”飞船的载人飞行地面试验，由于火箭不装推进剂，所以美国专家认为并无危险，没有安排必要的消防队员、医生和应付紧急情况的人在场。三位航天员穿着航天服进入飞船座舱，不知道灾难已悄悄来临，他们仍然沉着地关闭舱门，在灌满纯氧的座舱里，模拟等待升空时的加压状态。

飞船装在火箭的顶端，距地面达 68 米，四周是 95 米高的工作塔，试验指挥人员在离箭体 300 米处的一座地堡里，从最接近飞船那层平台观测实验情况。由于电力设备出了一些故障，试验直到下午 6 点多才进行倒计时。

美国“阿波罗 1 号”飞船失火现场

这时充满纯氧的飞船突然起火，瞬间整个座舱浓烟滚滚，当时，无论从里面还是从外面都不能迅速打开舱门，地面人员眼睁睁地看着这一切束手无策。三名航天员就这样被活活地烧死了，现场惨不忍睹。他们是阿波罗计划中的第一批航天员：31 岁的海军少校罗杰·查菲、36 岁的空军中校爱德华·怀特和空军中校维吉尔·格里森。美国航天局对事故进行调查，发现失火原因是由于座舱内出现电火花。幸运之星没有光顾三位航天员。

1971 年 8 月 2 日，“阿波罗 15 号”登月时，美国航天员将他们三人的骨灰撒在月面上。格里森等人生前未能登上月球，死后终于进入了“月宫”。

10. 1970 年 4 月 13 日，美国“阿波罗 13 号”贮氧罐爆炸。

1970 年 4 月 11 日，美国用“土星 5 号”运载火箭将“阿波罗 13 号”飞船发射升空，进行计划中的第三次登月飞行。这次飞行的航天员是洛维尔、海斯和斯威格特。4 月 13 日，航天员发现 2 号贮氧罐贮量显示失常：1 号贮氧箱压力偏低，指令舱报警器报警。不久，服务舱中的 2 号贮氧罐发生爆炸，主电压持续下降，一些系统的电压已降到零。休斯敦控制中心认为是液氧贮罐爆炸起火，损坏了飞船上的氢氧燃料电池。

2 号氧储罐是“阿波罗 13 号”飞船的主要动力来源，爆炸的后果十分严重。航天员们已经不能登月，必须即刻返航。他们需要 87 个小时才能飞回地球，每分钟对他们都非常重要。

“阿波罗 13 号”的航天员们为了节省电力，暂时关闭了指令舱的电源，爬进了登月舱，那里有为登月活动准备的氧气和水。当时，飞船已经快飞到月球，指挥中心决定让“阿波罗 13 号”在到达月球轨道绕转的时候，突然点火，然后借助月球引力，将“阿波罗 13 号”甩回地球。

由于能关的仪器全部关闭了，太空舱内十分寒冷，很多仪器都蒙上了一层危险的水珠。飞船内部结构十分复杂，会不会造成短路？航天员和地面指挥中心都非常担心，好在由于“阿波罗 1 号”的火灾，阿波罗飞船已经进行了大规模的改造，否则还真是危险。在飞到月球的最紧张时刻，“阿波罗 13 号”的航天员点火成功，飞船的推力使他们挣脱了月球引力，并获得了更高的速度，开始向地球飞行。1970 年 4 月 17 日，“阿波罗 13 号”的航天员们终于克服困难，返回地球，降落在太平洋。

事后，事故调查组查明了事故原因。安在服务舱液氧贮箱中加热系统的两个恒温器开关，由于过载产生电弧，将其熔成短路，使加热管路温度高达 500℃，烤焦了附近的导线，最后引起氧气爆炸。

美国“阿波罗13号”航天员安全降落太平洋之后，登上美国军舰。从左到右为航天员弗瑞德·海斯、杰克·斯威格特和吉姆·洛维尔

11．1986年1月28日，美国“挑战者号”航天飞机爆炸。

这天早晨，成千上万名参观者聚集到卡纳维拉尔角肯尼迪航天中心，等待一睹“挑战者号”升空的壮观景象。上午11时38分，“挑战者号”点火升空，飞行到73秒时，“挑战者号”在现场数万名观众眼前突然发生爆炸，顷刻之间爆裂成一团橘红色火球，碎片拖着火焰和白烟四散飘飞，坠落到大西洋中。6名航天员和一名教师在这次事故中罹难，其中有两名女性。特别引人注目的是第一次以平民身份参加太空飞行的女教师麦考利夫。

殉难者克里斯塔·麦考利夫是一名来自新罕布什尔州康科德的中学教师，是“挑战者号”7名乘员之一，预期成为宇宙中的第一位普通公民。麦考利夫是从许多候选人中挑选出来完成这次航天使命的，下图是她在一架改进的喷气客机里进行无重状态训练。

根据调查这一事故的总统委员会两年后的报告，爆炸是一个“O”型密封垫环由于低温硬化所致。密封环位于右侧固体火箭推进器的两个连接头之间。因硬化而破碎的密封垫环使泄漏的炽热气体点燃了外部燃料罐中的燃料。尽管在发射前夕有些工程师警告不要在寒冷天气发射，但是由于发射已被推迟了5次，警告未能引起高层的足够重视。

克里斯塔·麦考利夫

“挑战者号”是肯尼迪航天中心的第二架航天飞机，它以航行于大西洋和太平洋上的英国研究船“挑战者号”而命名，共成功地完成了九次航天飞行任务。1986年1月28日是“挑战者号”的第十次飞行。在“挑战者号”前九次的飞行任务中，共绕轨道飞行987次，太空停留时间累计69天。“挑战者号”的失事使美国的航天事业受到沉重打击，航天飞机在之后的三年中停止了飞行。

12. 2003年2月1日，美国“哥伦比亚号”航天飞机解体。

2003年1月16日，发射升空的“哥伦比亚号”航天飞机计划于美国东部时间2月1日9时16分返回地面。

但在美国东部时间9：00左右，美航天局传出惊人消息：地面控制人员与正处于返航过程中的“哥伦比亚号”失去了通信联系。此时，航天飞机正飞行在德克萨斯州中北部上空约60000米高空，时速约为20000千米。

当地电视台播出的实况电视画面上可以看到，本来应该为单股的航天飞机飞行轨迹变成了多股，在湛蓝的天空中划过多道白线。

种种迹象表明:“哥伦比亚号”在进入大气层后已经解体!当地时间11:00左右,位于休斯敦的美国航天局约翰逊控制中心外降下了半旗。“哥伦比亚号”上共有7名航天员,其中包括第一位进入太空的以色列航天员伊兰·拉蒙。

经过数月调查,美国“哥伦比亚号”航天飞机事故独立调查小组于8月26日公布了关于航天飞机失事原因的最终报告。

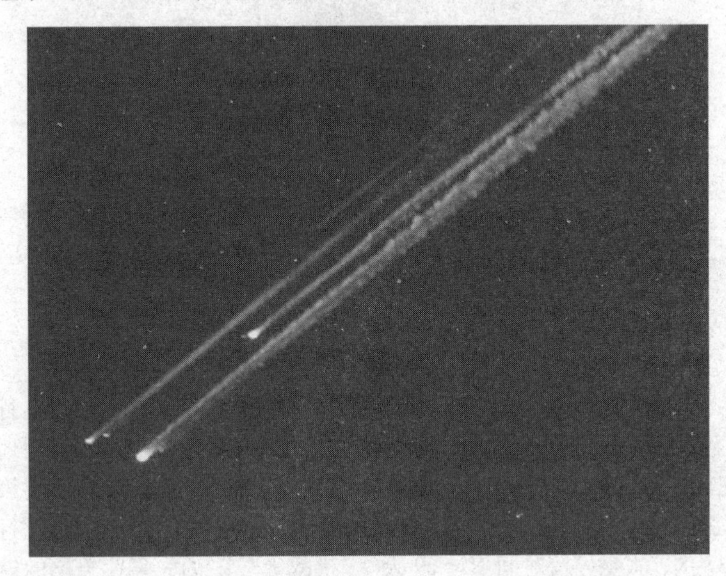

美国“哥伦比亚号”返回途中解体

报告指出,是美国国家航天局长期以来在安全问题上的放松和疏忽导致了这起悲剧的发生。报告说,导致“哥伦比亚号”事故的技术原因,是这架航天飞机发射升空81.7秒后,外部燃料箱表面脱落一块泡沫材料,撞击到航天飞机左翼前缘的热保护系统,形成了裂孔。航天飞机重返大气层时,超高温气体从裂孔处进入“哥伦比亚号”机体,造成航天飞机解体。调查小组称航天局的官员们在事故发生前几个月就知道后来导致事故发生的绝缘板曾经在一次发射时从航天飞机的油箱外脱落,使油箱在毫无保护的情况下与高温接触,但这些情况并未引起有关人员的重视。

13. 其他比较重大的航天事故

（1）1980 年 5 月 23 日，欧洲航天局“阿丽亚娜”火箭第二次试飞时，一名工作人员不慎碰落一个部件的商标，堵塞了发动机燃烧室的喷嘴，造成发射失败。

（2）1990 年 2 月 22 日，欧洲航天局“阿丽亚娜”火箭第 36 次发射，一名工作人员不慎将一块擦拭布遗留在一级发动机的水循环系统中，堵塞了管道，引起火箭爆炸。

（3）1990 年 9 月 7 日，美国一枚“大力神”火箭的部分箭体在爱德华兹空军基地从吊车上坠地，引发大火，火焰高达 45 米，造成至少 1 人死亡。

（4）1992 年 3 月 22 日，中国用“长征 2 号 E”火箭发射澳星，由于拧动点火控制器时，从螺钉上旋下一点点金属屑，使电路短路，火箭发动机熄火，发射没有成功。

（5）1993 年 8 月 2 日，美国空军一枚“大力神 4 型”火箭从加利福尼亚州范登堡空军基地点火升空后不足两分钟即发生爆炸，火箭载有的一颗绝密先进间谍卫星随之化为残片，落入海中。

（6）1995 年 1 月 26 日，中国“长征 2 号 E”发射“亚太 2 号”卫星时，由于美方没有告知卫星的谐振频率，而凑巧卫星的谐振频率与火箭整流罩的谐振频率相同，由于高空切变风对火箭的作用，引起共振，造成星箭爆炸。

（7）1996 年 2 月 15 日，中国西昌卫星发射中心用新研制的“长征 3 号乙”运载火箭发射国际通信 708 卫星，火箭起飞后飞行姿态出现异常，飞行 22 秒后，火箭坠地发生爆炸，星箭俱毁。

（8）1998 年 8 月 12 日，一枚运载美国军事间谍卫星的“大力神 4 号”火箭在佛罗里达州卡纳维拉尔角发射升空时发生爆炸，造成美国历史上最重大的损失，该卫星价值 10 亿美元。

（9）1998 年 9 月 10 日，乌克兰一枚“天顶Ⅱ型”火箭在发射 12 颗商业卫星时于起飞后 272 秒出现计算机故障，导致星箭坠地。

（10）1999 年 11 月 15 日，日本宇宙开发事业团在鹿儿岛县种子岛宇宙发射中心发射的一颗多功能卫星未能进入预定轨道，被迫引爆摧毁。

（11）1999年12月11日，巴西用VLS运载火箭发射自制的SACI-2气象环境卫星，火箭在升空3分钟后出现故障，地面控制人员随即将偏离轨道的火箭引爆，星箭俱毁。

（12）2002年12月11日，欧洲航天局的“阿里亚娜5型”火箭在库鲁发射场发射不久后发生爆炸，火箭和其携带的两枚价值6亿美元的卫星坠毁在大西洋中。

（13）2003年8月22日，巴西第三枚VLS型卫星运载火箭在发射前进行的最后测试中爆炸，至少造成21人死亡。这次事故可能是因火箭主体内四个发动机中有一个的点火装置出现问题而造成的。

（14）2009年2月10日，美国和俄罗斯的两颗通信卫星在西伯利亚上空790千米的区域发生太空相撞。

虽然在征服太空的征程中，人类遭受到打击，受过严重的挫折，但是人类是不会屈服的，航天活动中每一次事故的发生，都使人们从中吸取宝贵的经验和教训，提高技术水平，改进设计，使航天工具更完善，进一步推动航天技术向更高水平迈进，从而加速航天事业的发展。

七 中国航天冲向世界

01 “两弹一星”铸辉煌

◇ ……………

20 世纪六七十年代，中国发展了“两弹一星”，从而掌握了世界尖端科学技术和尖端武器技术，使中国在世界上有了应有的地位。它所产生的影响绝不仅限于“两弹一星”本身，而是深入到国家力量、国家地位、国家经济实力和民族凝聚力之中，在政治、经济、军事和科学技术等领域彰显了国家的整体形象和力量。邓小平曾深刻指出:“如果六十年代以来中国没有原子弹、氢弹，没有发射卫星，中国就不能叫有重要影响的大国，就没有现在这样的国际地位。这些东西反映一个民族的能力，也是一个民族、一个国家兴旺发达的标志。没有‘两弹一星’，就没有中国的大国地位。”

“两弹一星”指的是原子弹、导弹和人造地球卫星。20 世纪六七十年代“两弹一星”的研制成功，成为新中国建设成就的重要象征，极大地增强了中国的国防和科技实力，提高了中国的国际地位，激发了全国各族人民的爱国热情。

1955 年 1 月 15 日，毛泽东主持召开中共中央书记处扩大会议，听取了关于原子能工业的汇报，为打破帝国主义的武力威胁特别是核讹诈，毅然做出了发展原子弹、导弹、人造地球卫星，突破国防尖端技术的战略决策。1956 年，研制导弹、原子弹的任务正式列入《1956 至 1967 年科学技术发展远景规划纲要》。

20世纪60年代初，正值国民经济困难时期。中共中央为加快核武器研制工作，于1962年11月成立了以周恩来为主任、由15人组成的中央专门委员会，作为领导国防尖端事业的最高决策机构。在中央专门委员会的领导下，组织了26个部（院）、20多个省区市的1000多家科研机构、大专院校和工厂参加攻关。

1964年10月16日，中国第一颗原子弹爆炸成功；1966年10月27日，中国第一颗装有核弹头的地地导弹飞行爆炸成功；1967年6月17日，中国第一颗氢弹空爆试验成功；1970年4月24日，中国第一颗人造地球卫星发射成功。“两弹一星”的研制成功，成为新中国历史上彪炳史册的光辉篇章。

1999年9月，在庆祝新中国成立50周年之际，中共中央、国务院、中央军委隆重召开了表彰为研制“两弹一星”做出突出贡献的科技专家大会，23位“两弹一星”元勋受到表彰，被授予或追授金质的“两弹一星功勋奖章”。江泽民在表彰大会上发表讲话，概括和总结了热爱祖国、无私奉献，自力更生、艰苦奋斗，大力协作、勇于攀登的“两弹一星”精神，号召全国人民“继续发扬光大这一伟大精神，使之成为全国各族人民在现代化建设道路上奋勇开拓的巨大推进力量”。“两弹一星”精神，成为中华民族宝贵的精神财富。他们中的许多人都在国外学有所成，拥有优越的科研和生活条件，为了投身于新中国的建设事业，冲破重重障碍和阻力，毅然回到祖国。像钱学森、邓稼先等一批曾身居海外的科学家，抛弃比较优越的科研条件和物质生活待遇，相继归国效力。这些杰出的科学家和科研人员、工程技术与管理人员投身到“两弹一星”的研制中。他们在戈壁荒滩、深山峡谷建立基地，克服难以想象的困难，舍弃需要个人舍弃的一切，默默无闻地工作，甚至牺牲自己的生命。

广大科技人员、解放军指战员以及有关部门的职工、干部都为这一伟大事业付出了巨大而艰辛的努力。

1986年，邓稼先由于全身核辐射造成大面积渗血，已经达到无法救治的地步。因为，早些年我们没有条件对身体采取保护，邓稼先作为总指挥，曾在沙漠里寻找没有爆炸的核弹，找到后用双手把裸弹抱了回来。

邓稼先在工作

邓稼先病重住院期间，杨振宁去医院探望时，两人之间有这样一段对话。

杨振宁问：研究原子弹，国家究竟给了你多少奖金，值得你把命都搭上？当时邓稼先夫人许鹿希回答，奖金是人民币 10 元。邓稼先补充说，是原子弹 10 元，氢弹 10 元。杨振宁以为他们在开玩笑。许鹿希说，这是真的，不是开玩笑。1985 年颁发原子弹特等奖的奖金总数是 1 万元，单位里平均分配，人人有份儿，是按 10 元、5 元、3 元三个等级发的。

元勋们的奉献精神是多么让人敬佩！

郭永怀

1968 年 12 月初，力学专家郭永怀在青海基地发现一个重要数据，急于赶回北京研究，便搭乘了夜班飞机。12 月 5 日凌晨，飞机飞临北京机场，距地面约 400 米时，突然失去平衡，偏离跑道，扎向一公里外的玉米地，腾起一团火球。当人们从机身残骸中寻找到郭永怀时，吃惊地发现他的遗体同警卫员紧紧抱在一起。烧焦的两具遗体被吃力地分开后，中间掉出一个装着绝密文件的公文包，竟完好无损。在飞机遇险、生命将尽的最后瞬间，郭永怀想到的只是用身体保护对国家有重要价值的科技资料！

周恩来得知郭永怀牺牲的消息，眼睛顿时湿润了。钱学森更是伤感不已地叹息:“一个全世界知名的优秀力学专家离开了人世。”如今，我国空气动力中心大院的松林山上建有一座纪念亭，上面刻着张爱萍将军所书的三个大字——“永怀亭”。

中国至今已经先后把多名航天员送入太空，这一壮举也像20世纪六七十年代中国拥有“两弹一星”一样，引起了全世界的广泛关注，大大提高了中国的国际威望和国际地位，振奋了民族精神，增强了全民族的自信心、凝聚力。

如果没有当年“两弹一星”等重大工程的带动和牵引，也不会有今天的运载火箭商业发射服务，不会有核电站、卫星通信和航天遥感等产业的兴起，计算机及其应用行业、微电子行业的发展也会受到影响。载人航天工程的实施，更能带动和促进一大批相关产业的发展。

02 《东方红》乐曲响彻太空

◇

中国是四大文明古国之一，她有着丰富灿烂的原始朴素的太空飞行梦想。唐宋之后，中国人发明了火药，制造出了火箭，深刻地启发了世界航天思想。后来，由于诸多原因，中国落后了。新中国成立以来，中国前所未有地重视科学技术的发展，中国的航天事业成为中国复兴崛起的象征，现在没有任何行业可以与中国航天所取得的成就相媲美。

中国是古代火箭的故乡，现代火箭源于古代火箭。宋代，我国就制成了用火药推进的世界上最早的火箭。尽管中国古代火箭技术十分原始，与真正的航天火箭相差甚远，但是中国古代火箭的基本原理——反作用推进原理，却成了近代火箭技术的基础。20 世纪 50 年代末，当美国和苏联开始进行太空军备竞赛时，中国第一代领导人毛泽东、周恩来等老一辈革命家就已经洞察到发展航天事业的重要性，决心要发展新中国的航天事业，圆中华民族的航天之梦。1956 年 1 月，毛泽东指出：“我国人民应该有一个远大的规划，要在几十年内，努力改变我国在经济、科学和文化上的落后状况，迅速达到世界先进水平。”毛泽东的一席话，道出了全中国人民的心声。于是，中国人民在毛泽东的领导下，掀起了一场向太空进军的伟大运动。

1956年，中国制定了12年科学发展远景规划，把火箭和喷气技术列为重点发展项目。同年，建立了第一个导弹研究机构——国防部第五研究院，由刚从美国归来的著名火箭专家钱学森任院长。1958年，我国开始仿制苏联P-2近程地地导弹。然而，到1959年，正当仿制工作进入关键时刻，苏联背信弃义，单方面撕毁了全部协定和援助计划，撤走了全部专家，给导弹仿制工作带来严重困扰。在这种情况下，导弹技术工作者发扬自力更生、奋发图强的拼搏精神，克服重重困难，把仿制工作推向前进，终于在1960年11月5日，成功地发射了我国第一枚近程地地导弹，为独立研制火箭和导弹奠定了基础。1964年6月29日，我国第一枚自行设计的中近程火箭发射获得成功，这标志着我国已经具备独立研制导弹的能力。

1958年5月17日，毛泽东在党的八届二次会议上，发出了“我们也要搞人造卫星”的号召。1963年，中国科学院成立了星际航行委员会，负责制定星际航行发展规划。1964年11月，在国防部第五研究院一分院的基础上组建了运载火箭研究院。

这时，我国研制人造卫星及其火箭的条件已经成熟，令中华民族骄傲的时刻来到了。1970年4月24日，我国第一颗人造地球卫星——“东方红1号”在中国的大地上、用中国人自己制造的火箭发射成功了。卫星由结构、温控、能源、《东方红》乐曲播放装置和短波遥测、跟踪天线以及姿态测量等部分组成，外形为球形多面体，直径1米，重173千克。卫星由“长征1号”运载火箭送入近地点441千米、远地点2368千米、倾角68.44度的椭圆规道，绕地球一周114分钟，用20.009兆赫的频率播送《东方红》乐曲。该星采用银锌电池为电源，设计工作寿命20天，其间把遥测参数和各种太空探测资料传回地面。

1970年4月25日下午，新华社向全世界宣布：1970年4月24日，中国成功地发射了第一颗人造地球卫星。“东方红1号”的发射，使中国成为继苏联、美国、法国、日本之后，世界上第五个用自制运载火箭成功发射卫星的国家，标志着中国跨入了航天时代。在成功发射第一颗人造地球卫星后，中国又先后研制出多个型号、系列的运载火箭和各种卫星，其中，“长征”系列运载火箭已经成为中国航天运载工具的主力军。

中国“东方红1号”卫星

03 “长征”火箭与“神舟”飞船的战略组合

◇ ……………

中国自1956年开始，在著名火箭专家钱学森的主持下，展开现代火箭的研制工作。1964年6月29日，中国自行设计研制的中程火箭试飞成功之后，即着手研制多级火箭，向空间技术进军。经过5年的艰苦努力，1970年4月24日，“长征1号”运载火箭诞生，首次发射“东方红1号”卫星成功。中国航天技术迈出了重要一步。

（1）功能强大的“长征”火箭

从1970年“长征1号”运载火箭发射“东方红1号”卫星首次在世人面前亮相以来，中国已经发射成功的“长征”系列火箭有15种，运载能力基本上满足了低、中、高地球轨道不同航天器的发射需要。主要用于低地轨道发射的有6种：“长征”1号、2号、2号C、2号D、2号E、2号F；主要用于中低轨道（如太阳同步轨道）发射的有5种：“长征”1号D、2号C/SD、4号A、4号B、4号C；主要用于高轨道（如地球静止转移轨道）发射的有4种：“长征”3号、3号A、3号B、3号C。

对应这三种典型轨道的运载能力，低地轨道为0.2～8.0吨，太阳同步轨道为0.4～2.8吨，地球静止转移轨道为1.5～5.1吨。

中国“长征1号”运载火箭

“长征1号”是一种三级火箭，它的第一级和第二级采用的是液体燃料火箭。全长29.45米，最大直径2.25米，起飞重量81.6吨，起飞推力112吨，能把300千克重的卫星送入400多千米高的近地轨道。第一枚“长征1号”火箭发射“东方红1号”卫星成功，奠定了“长征”系列火箭发展的基础。

“长征2号”“长征2号C”和“长征2号D”主要用于发射返回式卫星；“长征2号C/SD”是“长征2号C”的改进型，主要用于发射多颗卫星，“长征2号E”是捆绑式火箭，其芯级是“长征2号C”的又一改进型，主要用于将重型卫星送入近地轨道，曾用于发射澳大利亚通信卫星；“长征2号F”则是“长征2号E”的改进型，主要改进是提高了火箭各系统的可靠性，主要任务是发射“神舟”载人飞船。

把“神舟五号”飞船运载到太空的火箭叫“长征2号F”型火箭。它已经连续5次发射成功。它还把中国的第一位航天员杨利伟送入太空，实现了中华民族千年的飞天梦想。

“长征2号F”型火箭是我国现有的运载火箭中起飞质量最大、长度最长、系统最复杂的火箭。它身高58.34米、体重479.8吨，是一种采用液体燃料的大型捆绑式二级运载火箭。为什么“长征2号F”型火箭的

中国“长征2号F”型火箭

燃料不用固体而采用液体呢？固体燃料的火箭有很多优点，它保存比较方便，而且可以长期储存，需要的时候，一点火就行了。不过，固体燃料也有明显的缺点，就是燃料一旦点燃，燃烧过程就要一直持续下去，不能人为地控制，也不能改变它的燃烧程度。所以，固体燃料一般都用在军事上，比如很多导弹就采用固体燃料。如果燃料是液体的，它就可以通过调节装置改变燃料的流量，就像水龙头调节自来水流量一样，火箭发动机的燃料可以一会儿大一会儿小，甚至可以让它熄灭、再点火，火箭的速度就可以控制了。此外，液体火箭的方向控制也很容易，而且，液体火箭的震动也小得多，航天员可以安全地随火箭升空。

“长征 2 号 F”型火箭虽然用的是液体燃料，但它的力气却大得惊人，是我国火箭家族中的大力士。因为“神舟”飞船重达 7. 8 吨，相当于 8 台小轿车的重量，要把这么重的飞船送到近地点 200 千米、远地点 350 千米高的太空轨道，火箭必须要有足够大的推力才能做到。

“长征 2 号 F”型火箭采用两级上下连接，特别是下面的那级火箭，人们在它的身上捆绑了四个小火箭——助推器。这样一来，就有六个火箭共同工作，火箭的力气成倍增加，就能把飞船送上太空了。

火箭的发射要选在一个最好的时间进行。科学家把这个好日子叫“发射窗口”。“发射窗口”是指火箭发射时比较合适的一个时间范围。这个范围的大小也叫发射窗口的宽度。窗口的宽度有宽有窄，宽的以天或小时算，窄的只有几分钟、几十秒，甚至为零。

其实，对火箭本身来说，并没有太严格的发射窗口限制，什么时间都可以。不过，当运载火箭用来发射航天器时，就不能太随便了。由于每种航天器承担的任务不同，航天器上安装的仪器、设备使用要求也不同，它们对发射窗口提出了种种要求和限制条件。而且，这些要求有时又互相矛盾，所以选择什么时间发射就必须经过科学的通盘考虑后才能做出决定。当然，火箭升空的时间有时也会临时改变的。如果火箭突然出现故障，或者由于天气等其他原因不能按时发射而错过了发射窗口，人们只能等待下一个发射窗口。有的航天器发射，一天之内不止一个发射窗口，有的却在几天或者更长的时间后才有第二个。

知道了火箭的发射窗口，在发射前的日子里，还有一件很重要的事情，就是要给火箭加注燃料。就像人干活前先要吃饱喝足一样，“大力士”出发去太空，同样要先“喝”很多的液体燃料。液体燃料具有很强的挥发性，因此，加注时绝不能泄漏一点，否则，会发生毒气散布，甚至燃烧爆炸。而且，燃料必须按计算好的量来加，既不能少加，也不能多加。1980 年 3 月 8 日，苏联一枚火箭在加注过程中就发生了泄漏事故，导致火箭爆炸，在场的 45 名工作人员当场被炸死，大火又使 5 人丧生。

液体燃料加少了，也会惹出大麻烦。1981 年 8 月 3 日，美国用“德尔塔”火箭发射卫星，由于加注人员的疏忽，少加了 117 千克液体燃料。结果，火箭刚飞了一半多路程便没了力气，使两颗卫星没有达到预定的轨道高度，成了太空中的“流浪者”。

1992 年 3 月 22 日 18 时 40 分，我国发射“澳星”。当“点火”的口令下达后，“长征 2 号”捆绑火箭尾部的 8 台大推力发动机，怒吼着喷射出了猛烈的火焰。但在火箭发动机点火的瞬间，却有两台发动机异常关机。本应该 3 秒钟就起飞的火箭，却由于推力不足，在发射台上干吼而飞不起来。在场所有的人都被惊得目瞪口呆。大约 7 秒后，指挥员下达了紧急关机的命令。喷着火焰的 6 台发动机成功熄了火。尽管火箭已经关机，但是 6 台发动机的余火还在燃烧。火箭泄漏的燃料，冒着浓烈的棕红色烟雾，笼罩了整个箭体，弥漫在发射台四周，随时都有爆炸的危险。

当时，为了保护“澳星”，发射场工作人员奋不顾身，冒着生命危险冲向发射塔排除故障。为保安全，工作人员从火箭 40 厘米见方的舱口钻进去切断电源，然后把“澳星”从火箭顶部卸下来，又把火箭内部的推进剂泄出来。

故障的原因竟是一颗米粒大、仅有 0. 15 毫克重的小铝屑多余物，造成一、三向限助推器发动机氧化剂副系统断流，阀门电爆管误爆而故障关机。

1992 年 8 月 14 日清晨 7 时整，火箭的 8 台发动机再一次在修复一新的发射台上发出了震耳欲聋的轰鸣，“澳星”发射成功。

1992年12月21日19时20分，“长征2号”捆绑火箭将第二颗“澳星”发射上天，并准确送入地球轨道。然而过了一天，美方测控站传来消息，价值1.38亿美元的“奥普图斯”卫星失去踪影。最后公布的分析结果既是一场灾难，也是中国火箭创造的奇迹。火箭发射47秒时，置于火箭顶部的“澳星”发生爆炸并将整流罩炸开脱落，而在爆炸产生强烈震动、载荷重量减轻的情况下，“长征2号”捆绑火箭仍然能够自动调整好姿态，按原定程序正常飞行，将“澳星”爆炸后的残余部分送入了预定轨道。

1994年8月28日，经过测试检验后的“长征2号”捆绑火箭托举着“奥普图斯B3”卫星又一次高耸云端地屹立在巍峨壮观的发射台上待命发射。17时10分，“长征2号”捆绑火箭在亿万电视观众的注视下，腾起震耳欲聋的烈焰点火起飞，又一次地成功将“奥普图斯”通信卫星准确送入预定轨道。

至此，中国、美国、澳大利亚为“澳星”发射的合作画上了圆满的句号。它为中国进入航天发射服务市场奠定了坚实的基础。

“长征3号”系列火箭包括“长征3号”“长征3号A”和“长征3号B”三种火箭，是目前中国发射国内外地球静止轨道卫星的主力火箭。“长征3号”和“长征3号A”装有不同的氢氧发动机，但它们都可以多次启动，这样有助于飞行轨道的转换，也有利于提高有效载荷的入轨精度。“长征3号A”曾成功地将“鑫诺3号”通信卫星送入太空，完成了“长征”系列运载火箭的第100次发射。“长征3号B”是目前中国运载能力最大的火箭，也是具有当今世界一流技术水平的商用大型运载火箭，发射过多颗国内外大型卫星。“长征3号”火箭的发射成功，标志着中国运载火箭跨入世界先进行列。1990年4月7日，中国用“长征3号”运载火箭将美国制造的“亚洲1号”通信卫星成功地从西昌卫星发射中心送入太空。它表明，今天的中国不仅拥有自己的火箭，拥有自己制造的卫星，而且还能发射美国的卫星，中国强盛了。

中国“长征 3 号 B”运载火箭

“长征 4 号”系列包括“长征 4 号 A”“长征 4 号 B”和“长征 4 号 C”三种火箭，它们都是三级液体火箭，主要任务是发射太阳同步轨道卫星，如中巴地球资源卫星 1 号、“风云 1 号”极轨气象卫星和“海洋 1 号”卫星等。

目前，“长征”系列火箭已经走向世界，享誉全球，在国际发射市场占有了一席重要地位。

当前，中国神箭正在向十全十美的目标冲刺，通过对发动机在内的几十项细节进行改动，进一步提高了火箭的可靠性。“神舟九号”还使用了迭代制导方式。迭代制导，是一种自适应制导技术，在火箭沿着轨道飞向预定目标的时候，通过实时迭代计算的方式不断修正轨道，逼近目标，从而确保实现更高的轨道精度。这种制导方式可以形象地比喻为走一步“算”一步。“天宫”与“神舟八号”交会对接之前，使用的是摄动制导，即规定好具体路径，引导火箭到达指定目的地。相比而言，迭代制导则只限定目的地，不限定具体路径，是一种处于世界先进水平的制导方式。如果你到发射场，在发射场区，可以看到每个工作人员的胸前都挂着一个工作证，工作证的挂绳上印着：“十全十美，神箭神奇”的口号。这是中国航天工作人员决心向着十全十美的目标冲刺，让中国的神箭再立新功。

航天发射最重要的就是要在发射前做到：零故障，零缺陷，零疑点。就拿“神舟”飞船来说，船上有十多万个元器件，几十万条计算机程序、8 万多个节点，每个节点都不能出现任何差错，否则一个小小的问题就会酿成大祸。周恩来曾经要求航天试验：严肃认真、周到细致、稳妥可靠、万无一失。老子有一句名言：“天下难事，必作于易；天下大事，必作于细。”也就是说，要想成就一番事业，必须从简单的事情做起，从细微之处入手。

中国酒泉发射场

中国航天有四大发射场，它们是酒泉、太原、西昌、文昌。其中，酒泉是载人航天发射中心。中国酒泉发射中心始建于 1958 年，它位于内蒙古自治区额济纳旗境内，占地面积约2800平方千米，是中国建设最早、规模最大的航天发射场。中心北部为居延海盆地，东部和东南部紧接巴丹吉林沙漠，西临马宗山山脉，南靠甘肃酒泉地区，平均海拔1000米，地势由南向北倾斜，弱水河由南向北纵穿，地下水源丰富。20世纪五六十年代，这里是平沙万里无人烟的地方，经过几代航天人的努力，已经旧貌换新颜，成为一个现代化的航天城，被称为西部戈壁的璀璨明珠。

作为载人航天发射场，它具有以下有利条件：一是测量控制、通信、气象保障、交通运输以及生活等基础设施完善，具有良好的载人航天发射物质、技术基础。二是幅员广阔，地势平坦、视野开阔，多属戈壁沙漠，对发射前后异常情况处理、航天员的应急救生和搜索救援较为有利。三是可以充分利用国内已形成的陆上航天测控网，保证上升段100%的跟踪测控。四是周边为戈壁滩，火箭飞行经过的航区内人烟稀少，火箭残骸坠落不会造成大的危害，航区安全性好。五是气象条件好，干燥少雨，雷电日少，全年满足发射条件的发射日达300天以上。

太空至今仍然是一个神秘的领地。自从人类开始运用航天技术以来，探索太空、开发宇宙的步伐就从未停顿。科学技术的飞速发展，必将更快地推动人类进军宇宙。当今世界，进军太空只有依靠自己的实力，谁能掌握先机，谁就能在未来空间竞争中获得主动权。据统计，自1957年至2008年年底，世界各国共进行了4012次成功发射，入轨航天器共6081个，其中苏联暨俄罗斯3266个，美国1903个，中国115个。2008年，世界各国和组织共进行了67次成功发射，其中俄罗斯24次，美国14次，中国11次，入轨航天器共102个，其中美国24个，俄罗斯21个，中国16个。截至2010年8月1日，中国“长征”系列运载火箭已经进行了126次发射。中国自1970年4月24日“长征1号”运载火箭发射第一颗人造卫星开始，第一个10次发射经历了168个月，而“长征3号甲”在西昌升空的最近10次发射，仅仅用了不到16个月。从这里我们可以看出，我们伟大祖国的航天事业虽然起步晚，但发展快、起点高、特色强，正在令世人刮目相看，中国正在由航天大国向航天强国迈进。

（2）实现飞天梦的“神舟”

经过论证，航空航天系统内部逐渐达成共识：中国载人航天发展的途径要从载人飞船起步。1990 年 5 月，“863”专家委员会最终确定了“投资较小，风险也小，把握较大”的飞船方案，即利用现有的“长征 2 号 E”运载火箭发射一次性使用的宇宙飞船，作为中国突破载人航天的第一步，在 2010 年或稍后再建成载人空间站大系统。

中国“神舟”飞船

1992 年 8 月 25 日，作为领导国防尖端事业的最高决策机构，中央专门委员会建议中国载人航天工程三步走：第一步，以飞船起步，发射无人飞船和载人飞船，将航天员安全地送入近地轨道，进行适量的对地观测及科学实验，并使航天员安全返回地面，实现载人航天的历史性突破。第二步，在第一艘载人飞船发射成功后，继续突破航天员出舱、航天器交会对接等关键技术，研制并发射空间实验室，实现航天员中期驻留，开展一定规模的空间应用。第三步，研制并发射载人空间站，开展较大规模和较高水平的空间应用。

1992 年 9 月 21 日，中央同意了“中专委”的建议，正式批准了实施中国载人航天工程。因为，这次会议是 1992 年 9 月 21 日召开的，批准了载人航天工程的上马，所以把这项工程称为“921 工程”。

21 世纪各国载人航天有一个明显的共同特点是：都在倾力打造新型载人飞船。美、俄新一代飞船的特点，一是运载能力增加，每次可运载 6 人；二是可部分重复使用；三是有多种用途，能飞往空间站、月球和火星。另外，美、俄均把载人火星探测作为最终目标。

04 “神舟”飞船的十一次飞天

◇ ……………………

飞船主要有载人飞船和货运飞船两类，其中载人飞船又可分为近地轨道、登月和行星际载人飞船三种，前两种已经在 20 世纪发射成功，后一种有望在 21 世纪亮相太空，并且很可能是载人火星飞船。目前，发射最多、用途最广的飞船是近地轨道载人飞船。这种飞船像卫星一样在离地面几百千米的近地轨道上飞行，飞行速度为第一宇宙速度。其他两种飞船飞行速度要接近或达到第二宇宙速度。从构型上讲，载人飞船先后发展了三种，即一舱式、二舱式和三舱式。

目前，活跃在载人航天第一线的飞船有俄罗斯的“联盟 TMA”和中国的“神舟”，它们都是三舱式飞船。“神舟”飞船采用当代最为成熟的三舱式构型，即由轨道舱、返回舱、推进舱三个舱和一个附加段及对接装置组成，总长近 9 米，总重约 8 吨。“神舟”飞船由结构与机构、环境控制与生命保障、热控制、制导导航与控制、推进、测控与通信、数据管理、电源、返回着陆、逃逸救生、仪表与照明、有效载荷、乘员等 13 个分系统组成。这些分系统是飞船上为完成某一特定功能的仪器、设备或部件的组合。它们涉及物理、化学、生物、天文、医学和环境等数十个学科领域。由此可以看出，载人飞船研制工作的艰巨和复杂。尤其是“神舟七号”飞船，为适应中国航天员首次出舱活动任务，对其中的轨道舱进行了全新设计，使轨道舱同时具备出舱活动的气闸舱和航天员生活舱的功能，具有一舱两用、投入少并且效益高的特点。

从2011年发射的“神舟八号”开始，“神舟”飞船基本定型，进入批量生产阶段。“神舟八号”有两个重要使命：一是突破空间交会对接技术；二是实现载人飞船定型。定型后的飞船不再做大的改动，其外形结构与目前一致，内部设置更舒适和人性化，并具备三个特点：一是可靠性、安全性更高；二是能够运输3人、飞行7天，具备与空间站交会对接的能力；三是能够批量生产，短时间内高密度发射。它将成为中国空间实验室和空间站至地球的天地往返运输工具，也能为其他国家提供人员和货物的天地运输服务。

到目前为止，中国已经发射了“神舟”飞船9艘，它们是：

神舟一号

“神舟一号”飞船于1999年11月20日6时30分7秒从酒泉卫星发射中心发射升空。这也是“长征2号F”火箭的首次发射。火箭起飞约10分钟后，飞船与火箭分离，进入预定轨道。11月21日3时41分，在绕地球飞行14圈后，“神舟一号”飞船在内蒙古自治区中部安全着陆。

新研制的“长征2号F”火箭取消了自毁功能，配备了逃逸分系统，而逃逸分系统被公认为运载火箭中研制难度最大的分系统。位于飞船上部的逃逸塔高8米，与一般火箭圆锥形的头部大不相同，从远处看像是火箭的避雷针。从火箭起飞到飞行高度约40千米内，万一火箭发生故障，它能迅速提供动力，将上部整流罩及其内的轨道舱和返回舱（合称逃逸飞行器）与火箭分离，脱离危险区，然后返回舱从逃逸飞行器分离出来，借助降落伞实现软着陆，保障航天员的生命安全。

飞船发射首次采用了在技术厂房对飞船、火箭联合体进行垂直总装与测试，整体垂直运输至发射场，进行远距离测试发射控制的新模式。中国在原有航天测控网基础上新建的符合国际标准的陆海基航天测控网，也在这次发射试验中首次投入使用。飞船在轨运行期间，地面测控系统和分布于公海的四艘“远望号”测量船队对其进行了跟踪与测控，成功进行了一系列科学试验。这是中国实施载人航天工程的第一次飞行试验，标志着中国航天事业迈出了关键的步伐。

神舟二号

“神舟二号”飞船于2001年1月10日1时0分3秒在酒泉卫星发射中心发射升空，约10分钟后成功进入预定轨道。“神舟二号”在太空停留7天，环绕地球飞行108圈后，于2001年1月16日19时22分降落在内蒙古自治区中部地区。“神舟二号”飞船是中国第一艘正样无人飞船。飞船由轨道舱、返回舱和推进舱三个舱段组成。与“神舟一号”相比，“神舟二号”飞船的系统结构有了新的扩展，技术性能有了新的提高，飞船技术状态与载人飞船基本一致。

该飞船有两项创新之举：一是飞船轨道舱首次进行了留轨运行，在轨正常工作达半年之久，成功地进行了一系列空间科学实验，有的达到国际同类设备的先进水平。这也是一项具有特色的世界先进技术，等于额外获得了一颗实验卫星。飞船在轨运行期间首次进行了微重力环境下空间生命科学、空间材料、空间天文和物理等领域的试验，包括：半导体光电子材料、氧化物晶体、金属合金等多种材料的晶体生长，蛋白质和其他生物大分子的空间晶体生长，植物、动物、水生生物、微生物及离体细胞和细胞组织的空间环境效应实验等。二是飞船装载了太空模拟人。它能够定量模拟航天员在太空中的重要生理活动参数，并随时受到地面指挥中心的监控。以模拟人这种无生命载荷取代动物，在飞船内模拟、检验飞船载人状态，中国是首创。

神舟三号

“神舟三号”飞船于2002年3月25日22时15分发射升空，绕地球飞行108圈后，于2002年4月1日16时51分降落在内蒙古自治区中部地区。其轨道舱则按计划继续留在轨道上运行大约半年时间，进行有关的空间科学和应用实验。

飞船的技术状态与载人状态完全一致，进一步优化和改进了现代分系统的性能，航天员安全保障措施得到了较大完善。通过这次发射试验，载人飞船、运载火箭和测控发射系统进一步完善，提高了载人航天的安全性和可靠性。

与“神舟二号”飞行试验相比，“神舟三号”飞船和“长征2号F”火箭全面完善了逃逸与应急救生功能，在火箭飞行过程中，一旦出现危及航天员生命的情况，带有返回舱的逃逸飞行器可以与火箭分离，使航天员得以逃生。逃逸与应急救生功能，可以通过地面发出指令控制，也能由火箭自行实施。“神舟三号”飞船搭载了进行空间试验的有效载荷公用设备10项44件，包括卷云探测仪、中分辨率成像光谱仪、地球辐射收支仪、太阳紫外线光谱监视仪器、太阳常数监测器、大气密度探测器、大气成分探测器、飞船轨道舱窗口组件、细胞生物反应器、多任务位空间晶体生长炉、空间蛋白质结晶装置、固体径迹探测器、微重力测量仪和有效载荷公用设备。其中，微重力测量仪和返回舱有效载荷公用设备是第三次参加飞船试验，空间蛋白质结晶装置多任务位空间晶体生长炉和轨道舱有效载荷公用设备是第二次参加飞船试验，其余设备均是首次在太空进行试验。

“神舟三号”是一艘正样无人飞船，飞船技术状态与载人状态完全一致。这次发射试验，运载火箭、飞船和测控发射系统进一步完善，提高了载人航天的安全性和可靠性。飞船上装有人体代谢模拟装置，拟人生理信号设备以及形体假人，能够定量模拟航天员在太空的重要生理活动参数。在这次发射中，逃逸救生系统也进行了工作。这个系统是在应急情况下确保航天员安全的主要措施。飞船拟人载荷提供的生理信号和代谢指标正常，验证了与载人航天直接相关的座舱内环境控制和生命保障系统。

神舟四号

“神舟四号”飞船于2002年12月30日0时40分发射升空，在太空飞行了6天零18小时，于2003年1月5日19时16分在内蒙古自治区中部地区准确着陆。

“神舟四号”是在载人飞行前的最后一次彩排，是历次无人飞行试验中技术要求最高、参试系统最全、难度最大、考核最为全面的一次飞行试验，也是最接近载人技术状态的最后一次演练。航天员、飞船、火箭、发射场、测控通信、主着陆场和备用着陆场、陆地和海上应急救生系统都参加了此次飞行试验。

“神舟四号”搭载的试验设备中，除了大气成分探测器等19件设备已参加过此前的飞行试验外，其他的空间细胞电融合仪等33件科研设备都是首次上天。一场筹备了十年之久的两对细胞太空婚礼在飞船上举行，一对动物细胞新人是B淋巴细胞和骨髓瘤细胞，另一对是植物细胞新人黄花烟草原生质体和“革新一号”烟草原生质体。专家介绍说，在微重力条件下，细胞在融合液中的重力沉降现象将消失，更有利于细胞间进行配对与融合。此项研究将为空间制药探索新方法。

“神舟四号”为了确保航天员的安全，对飞船的部分技术状态进行了改进，设计了八种救生方式，在不同阶段出现意外时，都能保证航天员安全返回。

神舟五号

2003年10月15日9时整，中国首位航天员杨利伟乘坐中国第一艘载人飞船“神舟五号”从酒泉卫星发射中心顺利飞向太空。这标志着中国成为世界上第三个能够独立开展载人航天活动的国家。9时34分，杨利伟从太空向地面表示“感觉良好”。17时32分，飞船在进行第6圈飞行时，杨利伟与地面进行了第一次“天地对话”。18时40分，杨利伟在太空展示中国国旗和联合国旗帜，并向地球发出问候。

中国首位航天员杨利伟

在绕地球飞行 14 圈、飞行 21 小时后，“神舟五号”返回舱于 16 日 6 时 28 分，顺利降落在内蒙古主着陆场上，航天员平安返回。这是中国进行的首次载人航天飞行，标志着中国载人航天工程取得了历史性的重大突破。

神舟六号

在“神舟五号”取得成功后，2005 年 10 月 12 日 9 时，中国第二艘载人飞船“神舟六号”升空，把费俊龙、聂海胜两名航天员送入太空。飞船绕地球飞行 77 圈后于 10 月 17 日 4 时 33 分安全返回地面。“神舟六号”实现了多人多天的飞行目标，搭载了载人航天第二步任务的试验设备和科学实验设备，全面验证了飞船的生命保障功能，考核了飞船结构与机构系统和制导导航与控制系统等，首次实现了有人参与的空间飞行实验，具有承上启下的重要意义。

“神舟六号”有两名航天员，入轨后，有一人可留在返回舱内控制飞船，另一人可以进入较为宽敞的轨道舱开展科学实验。科学家们精心设计了有关的实验项目。

“神舟六号”与“神舟五号”相比，“神舟六号”飞行任务主要变化有三个：一是航天员人数由 1 人到 2 人，二是飞行天数从 1 天到 5 天，三是航天员首次从返回舱到轨道舱。

神舟七号

2008 年 9 月 25 日 21 时 10 分，“长征 2 号 F”火箭将“神舟七号”送入太空。“神舟七号”载有三名航天员：翟志刚、刘伯明、景海鹏。翟志刚担任飞船指令长。这三位都属马的中国航天员，他们开始了天马行空般的太空旅行。这是中国进行的第三次载人航天飞行，主要使命是：实施中国航天员首次空间出舱活动，突破和掌握出舱活动相关技术，同时开展卫星伴飞、卫星数据中继等空间科学技术试验。9 月 27 日 16 时 41 分，当飞船绕地球飞行到第 29 圈时，身穿中国研制的飞天航天服的翟志刚打开舱门，顺利出舱。与此同时，航天员刘伯明身着俄罗斯海鹰舱外航天服在轨道舱内予以协助，航天员景海鹏在返回舱内作技术支持。翟志刚出舱后招手致意，并向全国人民和全世界人民问好，在太空展示了五星红旗，并取回安装在飞船舱外的固体润滑剂实验样品装置，进行了太空行走。17时，翟志刚完成出舱活动，返回轨道舱。在19分35秒的舱外活动中，翟志刚以自己的一小步，迈出了中国人探索太空的历史性一大步——中国从此成为世界上独立掌握空间出舱技术的国家，茫茫太空留下了中国人的足迹。

中国“神舟七号”发射

“神舟七号”搭载的伴飞小卫星于27日19时24分成功释放。这是中国首次在航天器上开展微小卫星伴随飞行试验。伴飞小卫星释放后，以缓慢速度逐渐离开飞船，并对飞船进行摄像和照相。之后，存储图片通过测控网传回地面。在航天员返回后，北京飞控中心控制伴飞小卫星逐步接近继续留在太空的轨道舱，实现围绕轨道舱飞行。

9月28日17时37分，“神舟七号”载人飞船在太空预定轨道绕地球飞行了45圈后顺利返回地面，准确地降落在预定着陆场。三名航天员身体状态良好，全部实行自主出舱，中国第三次载人航天飞行取得了圆满成功。

“神舟七号”飞船进行了多个方面的改进：

轨道舱一舱两用，在整个飞行中，它是航天员生活和工作的地方，为了航天员出舱活动，它又成为气闸舱。通过泄压和复压过程实现了空间真空环境和飞船载人环境的转换。为泄压专门设计制作了由阀门与管道等零部件组成的泄压装置，为了复压，飞船携带了

5 个高压气瓶。

航天员从飞船的舱门走向太空。打开和关闭舱门都是在真空中进行，为了保证打得开、关得上、密封可靠，专门研制了舱门压点开关和舱门快速检漏仪。

测控与通信系统采用先进的图像压缩编码体制，同时将单路图像传输模式提升为双路图像传输模式，新增了舱外摄像机，保证了航天员舱外行走的画面清晰地传回地面。

舱外航天服是航天员的生命盾牌，具有三大功能：一是防护辐射、真空、微流尘等环境，二是保持一个适合人生存的气体、温度和湿度环境，三是良好的功效保障，保证航天员能进行太空作业。飞天航天服还独具特点：仿生结构关节使航天员活动灵活自如，电控系统全部数字化处理，显示屏大而薄，省电耐高温，色彩艳丽，更方便航天员查看。

神舟八号

“神舟八号”无人飞船于 2011 年 11 月 1 日 5 时 58 分 10 秒由改进型“长征 2 号 F 遥八”火箭顺利发射升空。升空后两天，“神八”与此前发射的“天宫一号”目标飞行器进行了空间交会对接。组合体运行 12 天后，“神舟八号”飞船脱离“天宫一号”并再次与之进行交会对接试验，这标志着我国已经成功突破了空间交会对接及组合体运行等一系列关键技术。2011 年 11 月 16 日 18 时 30 分，“神舟八号”飞船与“天宫一号”目标飞行器成功分离，返回舱于 11 月 17 日 19 时许返回地面。

所谓的轨道交会，是指在太空的两个航天器同一时刻以同样的速度到达同一个地点的轨道控制过程，在太空将两个航天器对接起来形成一个组合航天器的事件称作空间对接。空间交会对接是轨道交会和空间对接的总称。航天器交会对接是载人航天工程的一项基本技术，中国在完成载人飞船工程和航天员出舱活动任务后，进行了空间交会对接试验。

空间交会对接需要两个航天器，一个作为被动对接目标，称为目标飞行器，另一个作为主动追踪者，称为追踪飞行器。追踪飞行器在“神舟”载人飞船的基础上，新增交会对接等功能，并进行优化设计，改进成为天地往返运输器（称为载人飞船）。这次交会对接的目标飞行器被命名为“天宫一号”，它以载人飞船技术为基础研制，采用两舱结构，轨道寿命为两年。对“长征2号F”火箭进行相关的适应性改造，用于发射目标飞行器和追踪飞行器。以载人飞船工程中已经建成的陆海基测控通信网为基础，经适应性改造，并通过国际互联网和卫星数据中继，进一步扩大轨道覆盖率以满足航天器交会对接试验的测控通信要求。发射场、着陆场等基本不变。

被命名为“天宫一号”的目标飞行器分为密封舱、资源舱和对接机构三部分。对接机构安装在前端，用于与载人飞船对接，对接后航天员经此通道进出目标飞行器。

目标飞行器在酒泉卫星发射中心发射入轨后，经变轨进入独立飞行轨道。与飞船进行交会对接前，从独立飞行轨道降轨到对接轨道，并且调整相位满足交会对接初始相位角的要求（初始相位角指追踪飞行器入轨时刻追踪位置至目标飞行器位置之间的地心张角），等待飞船进行交会、对接。

飞船在酒泉卫星发射中心发射入轨后，进入初始轨道，在测控通信系统的支持下，完成飞船与目标飞行器的交会对接任务。

中国“神舟”飞船与“天宫一号”对接模拟图

目标飞行器与飞船对接后形成组合体，由目标飞行器负责组合体控制和管理，航天员进入目标飞行器实验舱执行在轨驻留任务，并开展有人参与的航天医学实验、空间科学实验和空间站技术试验。完成交会对接任务和在轨驻留任务后，飞船与目标飞行器分离并调整轨道，返回地面，目标飞行器再次进入独立飞行轨道，等待下一次交会对接。

“神八”与“天宫”交会对接，尽管是无人状态，但很多过程均按有人的标准进行。“神八”还携带了形体假人上天，模拟发出信号，为下一步载人飞行进行验证。

神舟九号

2012 年 6 月 16 日 18 时 37 分，“神舟九号”飞船在酒泉卫星发射场通过“长征二号 F 遥九”火箭发射升空，与在轨运行的“天宫一号”目标飞行器进行载人交会对接。2012 年 6 月 29 日 10 时许，“神舟九号”飞船返回舱成功降落在位于内蒙古中部的主着陆场预定区域。航天员安全健康地返回地面。

“神舟九号”是实施交会对接任务的第二艘飞船，早在“神舟八号”执行任务之前，便按照批量生产模式，与“神舟八号”“神舟十号”一起通过了生产测试。因此，在执行追踪飞行器、交会对接、提供载人环境和上行载荷等任务方面，“神舟九号”与“神舟八号”并无二致。

“神舟九号”所面临的新突破是要攻克“人控手动”的难点，与在轨运行的“天宫一号”目标飞行器进行载人交会对接。这是中国第一次进行手动交会对接试验。

既然以自动方式可以顺利完成飞行器的太空对接，为什么还要让“神九”进行手控对接？从世界载人航天的发展来看，交会对接应该涵盖自动和人工两个方面，二者互为备份，缺一不可。只有自动和人工技术都得到验证，才是实现了完整的交会对接。

从世界范围看，世界各国交会对接情况各有千秋。美国航天飞机的交会对接主要是手控，自动是备份。而苏联飞船的交会对接则以自动为主，手控作为备份。

人的灵活反应和主观能动性，也给太空中的复杂动作增加了安全系数。自动对接是一种程序控制，响应迅速、控制精确，但是，一旦出现策略方案外的情况，自动系统就显得无能为力。在处置意外状况的时候，人脑比电脑更可靠。

与自动交会对接一样，手控交会对接同样面临风险。高速运动的两个飞行器要通过精确控制实现接触，地面又无法进行一比一的模拟验证。而手控交会对接要求一次成功，一旦发生碰撞造成对接机构受损，就意味着“天宫一号”无法再次进行对接。对接机构，是我国目前为止最复杂的空间结构，难度大，可靠性要求高，经过“神八”飞行验证，方案和产品可靠性都满足任务要求。“神九”和“天宫一号”又进一步验证了国产对接机构的可靠性和安全性。

从“神舟一号”到“神舟七号”，中国人实现了把人送入太空的梦想。但当时的飞船还不能算作天地往返的运输工具。“神舟八号”实现了飞船与在轨运行航天器的交会对接，真正成为运输工具。“神舟九号”通过自动、手动两种交会对接方式，把人送入空间实验室，是对飞船作为天地往返运输工具的功能的进一步验证。

从天地之间的往返到飞船与目标飞行器之间的穿梭，“神舟九号”在茫茫太空中铺就了一条更远、更宽阔的路。这条路的那头，连着中国在一个全新平台上走近科学的梦想。航天员从“神舟九号”飞船迈向“天宫一号”目标飞行器的每一步，都充满着未知的喜悦，也面临着风险。两个飞行器对接之前，“天宫一号”与“神舟九号”的轨道舱的压力不同，要保证航天员的生命安全，就要在对接前调整好压力，保证两舱压力相同。为了保证万无一失，航天员在打开通往“天宫”的舱门前，还要打开舱门上压力平衡结构的阀门，平衡两舱压力差。

航天员手控交会对接的主要过程是：三名航天员返回飞船，依次关闭各舱段舱门。飞船自主撤离至距目标飞行器约400米处，然后自主控制接近目标飞行器，在140米处停泊，转由航天员手动控制。航天员通过操作姿态和平移控制手柄，瞄准目标飞行器十字靶标，控制飞船逐步接近目标飞行器，至对接机构接触，完成手控交会对接。三名航天员再次进入“天宫一号”驻留。

飞船返回前，三名航天员返回飞船返回舱。两飞行器分离，航天员手动控制飞船撤离至140米处，飞船转为自主控制，继续撤离至5千米外安全距离。

之后，飞船返回着陆场，地面人员及时完成航天员搜救和返回舱回收；目标飞行器变轨至370千米自主飞行轨道，转入长期在轨运行。

此次任务由中国人民解放军航天员大队男航天员景海鹏、刘旺和女航天员刘洋完成，其中刘洋是中国首位女航天员。景海鹏作为本次任务的指令长，在整个乘组中发挥核心作用。刘旺被分配的主要任务是“交会对接操作岗”。中国首位女航天员刘洋主要负责空间医学实验。三名航天员首次在太空进行手动交会对接。手动对接成功率比自动对接要高，对航天员考验更大。中国首次有女航天员进入太空。女航天员感觉更敏锐、心更细，语言表达和沟通能力也比较强。

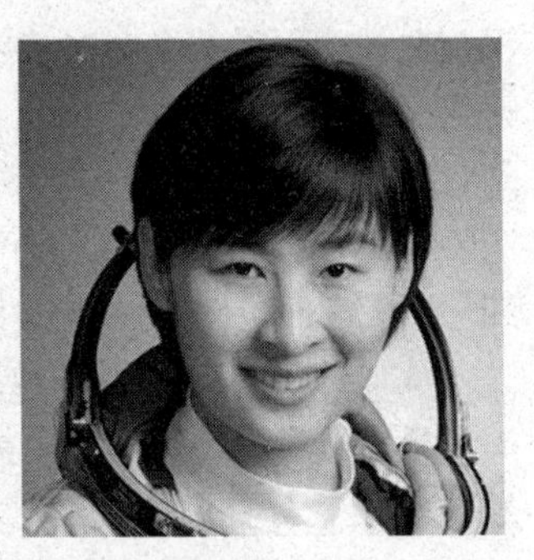
中国首位女航天员刘洋

“神舟九号”长约9米，最大直径2.8米，重约8吨，与过去的飞船相比，可靠性更高、时序更合理，故障处置余量更大，安全性得到了显著提高。“神舟九号”前部装有微波雷达、激光测距仪，可对“天宫一号”进行捕获、跟踪、接近、对准，与“天宫一号”上的信标、应答机构构成一套完整的跟踪测量系统。

另外，飞船系统设计了应急返回救生方案，一旦飞船与地面失去联系，地面指挥系统就无法为飞船计算精确落点，飞船将启动自动应急返回系统。届时，仪表控制器应用软件这个智能管理员发挥作用，它可以寻找落点的优选方案，实现飞船自主应急返回。

三名航天员在太空停留了13天，是神舟系列飞船停留时间最长的一次，“神九”与“天宫一号”对接后，航天员在“天宫一号”内进行实验操作，这在中国航天史上是头一回。

“神舟九号”的“厨房”里可储藏至少80余种食品，航天员每天能吃到不同种类的饭菜。这些食品主要包括主食、配菜、调味品、饮料等几大类。“神九”航天员一日三餐都能吃上炒米饭，分别是：什锦炒饭、咖喱炒饭、冬笋火腿炒饭。除了主食，黑椒牛柳、雪菜肉丝这些平时餐桌上常见的炒菜在太空也能吃到。此外，还有酱萝卜等小菜，有荤有素还有凉菜，搭配颇为精心。

中国“神舟九号”飞船返回舱成功着陆

“神舟九号”飞船首次搭载活体蝴蝶（卵和蛹）升空。破蛹成蝶和蝴蝶升空代表着梦想的实现与飞跃，北京市教委决定以此为契机在全市中小学生中开展“我的梦想”征集活动，此次活动的参加者均为太空活体蝴蝶（卵和蛹）的共同认养者。

目前，珙桐、普陀鹅耳枥、望天树、大树杜鹃四种濒危植物种子已搭乘“天宫一号”遨游过太空。“神舟九号”的航天员把“天宫一号”上搭载的经过航天育种实验的种子带回了地面。

相比前三次载人飞行，此次“神九”任务的飞行乘组特点是“新老搭配、男女配合”。一是作为航天员，景海鹏是第二次参加飞行任务；二是刘洋成为中国首位参加载人航天飞行的女航天员，同时她也是中国第二批航天员中首个参加飞行任务的。首位“神女”刘洋的出现，打破了中国从未有女航天员进入太空的纪录。据了解，迄今为止，世界上已经有 7 个国家共 50 余名女航天员进行过太空飞行，相比于男性，女航天员上天要克服更多的困难，但也有自己独特的优势和意义。

女航天员参加载人航天飞行任务，可以带动女航天员相关飞行产品的研制和女航天员地面训练等方面的技术发展，积累女性在生理、心理及航天医学方面的飞行实验数据，还可以进一步扩大载人航天工程的社会影响，展示中国女性的良好形象。刘洋对媒体表示，虽然男女有别，但挑战对每名航天员都一样，太空不会因为女性的到来而降低它的门槛，太空环境不会对女性特殊照顾。

针对女航天员的生理特点，在医学检查、锻炼防护等方法上制定专项措施，在飞行程序设计、生活照料安排等方面充分考虑女性需求，以保障她们的健康。“天宫一号”目标飞行器也通过厕所分男女、设立两个独立睡眠区等充分保障女航天员的隐私。

“天宫一号”与“神九”或“神十”的载人交会对接无疑将为中国航天史掀开极具突破性的一章，这一切，都是为了空间站的搭建。中国计划在2020年前后发射太空站的核心舱，然后以核心舱为基础，再对接实验舱、货运飞船。预计我国的空间站整个重量大约是60吨，其中核心舱20吨，还有两个实验舱、载人飞船、货运飞船。“长征五号”的运载能力是25吨，完全有能力将核心舱送入太空，它完全采用无毒无污染推进剂。国际空间站预计在2020年退役，而到2020年，中国将建成自己的太空家园。

神舟十号

“神舟九号”后，我国载人航天的后续飞行任务正在紧张进行，计划再次把航天员送上“天宫一号”目标飞行器生活和工作。“神舟十号”飞船已于2013年6月11日17时38分于酒泉发射中心搭载三位航天员飞向太空，女航天员王亚平于6月20日在“天宫一号”上成功完成了我国首次太空授课。另外，我国的空间站建设计划进展顺利，后续飞行任务的各项准备工作正在有序展开。我们的目标是要建设一个先进的空间站来满足科学和技术试验的需要，满足空间资源开发的需要，力争把空间站建设成达到国际先进水平的空间站。通过航天员在“天宫一号”目标飞行器上的生活和工作，进一步验证航天员在轨生活的保障技术，研究人在空间工作的能力，研究空间站的一些关键技术，并进一步验证、巩固交会对接技术。

神舟十一号

“神舟十一号”飞船于2016年10月17日7时30分在酒泉卫星发射中心，由“长征二号F遥十一”运载火箭发射。飞行乘组由两名男性航天员景海鹏和陈冬组成，景海鹏担任指令长。

“神舟十一号”飞船由中国空间技术研究院总研制，飞船入轨后，两天内完成与“天宫二号”的自动交会对接形成组合体。“神舟十一号”的主要任务是：为“天宫二号”空间实验室在轨运营提供人员和物资天地往返运输服务，考核验证空间站运行轨道的交会对接和载人飞船返回技术；与“天宫二号”空间实验室对接形成组合体，进行航天员中期驻留，考核组合体对航天员生活、工作和健康的保障能力，以及航天员执行飞行任务的能力；开展有人参与的航天医学实验、空间科学实验、在轨维修等技术试验，以及科普活动。“神舟十一号”是中国载人航天工程三步走中从第二步到第三步的一个过渡，为中国建造载人空间站做准备。“神舟十一号”飞行任务是中国第6次载人飞行任务，也是中国持续时间最长的一次载人飞行任务，总飞行时间长达33天。

2016年11月17日12时41分，“神舟十一号”飞船与“天宫二号”空间实验室成功分离，2016年11月18日14时07分，“神舟十一号”飞船返回舱着陆，两名航天员平安落地，航天员自己打开了舱门，报告身体状况良好！

05 日新月异的应用卫星

◇……

中国已经自行研制并成功发射各种卫星 80 多颗。在应用卫星的大家庭中，有通信卫星、返回式卫星、资源卫星、气象卫星、科学实验小卫星、海洋卫星、空间探测卫星、导航卫星、中继卫星等。

2006 年 9 月发射的返回式“实践八号”航天育种卫星，共搭载了 236 千克农作物种子。科学家结合地面模拟空间环境因素试验，全面探索航天育种技术的机理、方法和理论，培育优良品种。

2006 年 12 月发射的“风云二号 D”卫星，与“风云二号 C”卫星实现了在轨备份和双星对气象的同步观测，其观测范围涵盖了整个亚洲大陆、印度洋及西太平洋，可对覆盖范围内的国家和地区提供服务。或许以“风云”来命名中国人自己的气象卫星，体现的正是自主研制卫星的决策者和实践者们不惧风起云涌的坚定信心和豪迈气概。

2007 年 4 月 11 日成功发射的“海洋一号 B”卫星在 A 星基础上进行了技术改进，是中国海洋立体监测体系的重要组成部分，主要用于海洋资源调查和海岸带环境监测，被誉为“数字海洋”的“千里眼”。

2007 年 4 月 14 日成功发射的“北斗二号”导航卫星系统试验

卫星，为中国新一代卫星导航系统的建立打下了良好的基础。“北斗”导航系统是全天候、全天时提供卫星导航信息的区域导航系统。该系统主要为公路交通、铁路运输、海上作业等领域提供导航服务，对中国国民经济建设起到积极作用，是新一代的“天眼”。

2007 年 5 月 14 日，由中方基于“东方红 4 号”卫星公用平台研制的尼日利亚通信卫星 1 号成功发射，随后完成在轨交付。该卫星具有输出功率大、承载能力强、服务寿命长的特点。

发射“鑫诺三号”通信卫星

2007 年 6 月 1 日，成功发射“鑫诺三号”通信卫星，是基于中国成熟的“东方红 3 号”卫星平台生产的第 10 颗卫星，主要为中国用户提供通信、广播和数据传输服务。

2007 年 9 月 19 日成功发射的“资源一号 02B”卫星装载了高分辨率载荷。卫星数据惠及农业、林业、水利、国土资源、地矿、测绘、灾害和环境监测等各个行业，在中国、巴西以及中国周边和南美洲地区得到广泛应用，形成相对稳定的用户群。资源卫星也在美国、澳大利亚等国家进行了数据落地试验，并和十多个国家就卫星信号的落地和应用展开了合作。

2008 年 4 月 25 日，中国首颗数据中继卫星“天链一号 01 星”成功发射。中继卫星被称为“卫星的卫星”，可为卫星、飞船、航天器提供数据中继和测控服务，极大地提高了各类卫星的使用效益和应急能力，能使资源卫星、环境卫星等数据实时下传，为应对重大自然灾害赢得更多的预警时间。从此，中国航天器有了天上数据“中转站”。此外，中国有关部门积极推进环境减灾小卫星等系统的统筹建设，并大力推进“风云二号”地面应用系统的一期工程建设。

在未来几年，中国将重点发展月球探测工程、载人航天工程、高分辨率对地观测工程、北斗卫星导航系统工程、新一代大型运载火箭工程等重大项目。其中，新一代高可靠性、低成本、无污染的大推力“长征”系列运载火箭，将满足未来 30 年乃至更长时间内发射大型卫星、月球探测装置等空间探测设施的需要，具有世界先进水平。

同时，中国将继续推动高分辨率立体测图卫星、“风云四号”新型静止轨道气象卫星、新型海洋卫星、环境减灾小卫星星座 3 颗卫星等的研制发射，建立卫星直播系统、积极开展宽带多媒体、音频广播卫星的研究，保证研制的通信广播卫星满足国内的需求，发射专门的新技术试验卫星，验证新技术、新设备、新器件，加强空间科学研究，优先支持面向重大科学问题的自主创新项目，研制 X 射线望远镜、返回式微重力卫星，研制完成中俄联合火星探测等国际合作项目，初步建立空间环境监测体系，提高对空间环境的认识和探测能力。力争自主研制的在轨运行卫星数量实现较大增长，卫星的种类、性能指标有较大提高，更多地进入业务化运行。

06 “嫦娥工程”

◇

嫦娥奔月的故事是家喻户晓的神话故事。“寂寞嫦娥舒广袖”，数千年来，地球上的人们希望为她带去欢乐和温暖。但是38万千米之遥，也只好以赏月抒发对她的同情和怀念了。随着航天技术的发展，人类终于实现了遨游太空和登月的愿望。人类为什么要登月呢？首先，月球是人类研究宇宙和地球本身的最佳平台。科学家认为，月球表面有能够追溯到数十亿年前被彗星和小行星碰撞的痕迹，而地球上的这种痕迹已经被大气层所化解。这种记录是人类宝贵的财富。通过对月球表面的研究，有助于了解地球的远古状态，太阳系乃至整个宇宙的起源和演变，从中寻找有关地球上生命的起源和进化的线索。

月球并非不毛之地，而是一片尚未开垦的宝地。月球上有丰富的物质资源。据探测，月岩中含有地壳中的全部元素，约有60余种矿藏。地球上常见的氧、铁、镁、钙、硅、钛、钠、钾、锰等17种元素，在月球上都可以找到。有的研究者认为，如果不把碳氢化合物计算在内，月球上的物质能为人类制造出90%的生活必需品。

月球表面覆盖着一层岩屑、粉尘、角烁岩和冲击玻璃组成的细小颗粒物质。这些物质中富含太阳风粒子积累所形成的气体，如氦、氖、氮等。这些气体在加热到700℃时，就可以全部释放出来。

尤其是月球上的氦－3，是核聚变反应的高效燃料，在月岩土壤中的资源总量可达到100万～500万吨。30吨这样的尘埃，经热核反应产生的能源，可相当于美国一年生产能源的总和，而且这种反应放射性很低，具有经济、安全两大优点。

因此，应用高技术获得月球上各种物质资源，对于人类找到新的能源和维护永久性月球基地十分重要。

利用月球作为基地，可以进行各种深空探测活动。月球的引力只有地球的1/6，航天器从月球上起飞，可大大节省能源。月岩土壤中氧占40%，可以就地生产推进剂和作为受控生态环境和生命保障系统的氧气来源；硅占20%，可为航天器制作太阳能电池阵。还可以用月球作为中转站，对过往的航天器进行检修和补充燃料。

另外，寂静的月球环境，也是进行空间天文学研究的理想场所。其地质构造非常稳定，直接接收太阳辐射，没有尘埃污染、没有磁场干扰等特点，为天文观测和天文研究提供了得天独厚的条件。

回顾人类探月的历程，说明人类对这颗美丽的卫星充满了关切。公元前3世纪至公元前1世纪，古希腊的阿利斯塔克第一次用几何学的方法测定日、月、地之间的相对距离和大小。1609年的一个月夜，伽利略站在一座山头上，将一架放大倍数为30倍、做工粗糙的望远镜对准了月球。顿时，月面上布满的环形山出现在他的镜头中，欣喜若狂的伽利略将观测到的景色绘制成月面图，这便使人类第一次得以仔细观察到月球面容。

1647年，波兰天文学家赫维留经过10年坚持不懈的观测，发表了第一张月面详图。20世纪40年代末，美国信号部队把雷达波发射到月球表面。

1959年，苏联发射了“月球2号”宇宙飞船，并成功登月，开创了人类器械使者登月的先河。紧接着，“月球3号”宇宙飞船发回了首批月球表面的图片。

美国人坐不住了。1962年，美国总统肯尼迪宣布实施“阿波罗”登月计划。于是，一项先后动员了120所大学、2万家企业、400万人参加，耗资300亿美元的伟大计划正式启动了。1969年7

月20日，由“土星5号”巨型火箭发射的“阿波罗11号”宇宙飞船，载着三名航天员在月球着陆，尼尔·阿姆斯特朗和伯兹·阿尔德林跨出登月舱，踏上月球的陆地，成为人类历史上最早踏上另一个星球的人。

这次月球之行不仅在月球上留下了人类的脚印，航天员在月面上8个不同的地点还进行了勘察，通过对月球物质进行研究，极大地丰富了人类对月球的认识。然而，到了20世纪70年代中期至90年代初期，美、苏两个空间大国突然不玩登月了，转而在载人航天上比起了高低。1973年完成最后一次“阿波罗”飞行后，人类的月球活动便停止了。

直到1990年1月24日，日本悄悄发射了一颗重量仅有11千克的月球卫星“月球-A”对月球进行了探测，从此，第三个国家加入了月球俱乐部。据不完全统计，苏联向月球发射了25个无人探测器，主要有“月球”系列、“宇宙”系列和探测器系列。美国共发射了24个无人探测器，主要有“先驱者”系列、“徘徊者”系列、月球轨道器系列等；7次载人登月，6次成功，不仅掌握了第一手月球资料，还带回382.7千克月球土壤和月岩样品。“阿波罗”计划后，月球探测一度受到冷落，进入20世纪90年代后，月球再次被人们重视。1994年1月25日，美国的“克莱门蒂1号”探测器发射成功，奏响了人类重返月球的序曲。在环绕月球两个月的飞行中，它拍摄了200万张月球照片，获得了月球铁和钛的分布图，绘制了最详细的整个月球数字地形图，发现了目前太阳系中最大、最深的环形山口——艾特金盆地，还测量了月球引力分布情况，加深了对月球结构的了解。1998年1月7日，美国“月球勘探者号”发射升空，此次探测的最大成果是发现月球上有水。

2007年10月24日18时30分，新华网在第一时间发出探月快讯：“北京航天飞行控制中心宣布，‘嫦娥一号’卫星准确入轨，此次发射圆满成功。”简短的消息向世人传递出这样的信息：中国已经踏上了探月的征途。

20世纪90年代初，中国航天专家就提出要开展探月工程。90年代中期，国家曾组织有关专家对月球探测的必要性和可行性进行过初步的分析与论证。2001 年 10 月，月球探测计划项目立项。2003 年 4 月，国家航天局宣布正式启动月球探测工程的预先研究。2004 年 1 月 23 日，温家宝批准了《关于绕月探测工程的立项报告》。至此，中国月球探测工程一期——绕月探测工程正式启动。这是中国向深空探测迈出的第一步，对国家、经济和科技的发展具有重要的战略意义。2004 年 2 月 25 日，中国绕月探测工程正式实施，这项工程被命名为“嫦娥工程”。

人类探索、开发和利用月球的活动可以概括为探、登、驻三个阶段。探是指无人探月，即发射无人月球探测器访问月球。登是指航天员登上月球，作短暂的停留，并很快返回地球。驻是指月球上建设短期有人的月球站或永久性的月球基地，人类由此可在月球上生活和工作，全面开发和利用月球资源。

目前，中国的绕月探测工程在探的阶段。该工程分步实施，首先制定了 20 年大规划。也就是国家航天局总结的“绕”“落”“回”三个发展阶段，在 2020 年前后完成。

第一阶段为“绕”，发射中国第一颗绕月探测卫星“嫦娥一号”。这个阶段开展对月球的探测活动。这些探测活动包括看看月球究竟长什么样，为月球画像，分析月球上的土与地球上的土有什么不一样的地方，化验各种成分的含量，测量月球的环境究竟是怎么样的，为以后探测器着陆选择着陆点，等等。通过“嫦娥一号”月球探测卫星的发射，我国突破了从地球到月球 38 万千米的遥远的路途上，月球卫星怎样飞，到达月球后，卫星怎样按照地面技术人员的指挥在轨道上飞行和工作，怎样对付月球上大于 300℃的温差等月球探测的基本技术，为后续任务的开展扫清了障碍。

第二阶段为“落”，即探测器在月面上降落。研制和发射月球软着陆器，并携带月球巡视勘察器（俗称月球车），在降落区附近进行就位探测。在这个阶段，我国的月球车缓缓地行进在月球上，车上的照相机和其他各种探测装置都睁大了眼睛，把所到之处看到和感受到的地形、地貌、环境、温度等信息传回到地球的数据接收站；自动机器人还伸出了长长的手臂采集月球土壤和月球岩石，进行化学分析；并且安装了月震仪、探月雷达，探测月球身体内部的结构，看看月球的五脏六腑。着陆器上还设置了一系列天文仪器，开展月球天文观测。

第三阶段为“回”，即发射月球采样返回器，软着陆在月球表面特定区域，着陆器的舱门打开后，新型月球车从舱内缓缓驶出，分辨率更高的相机将对月球拍照。这台着陆器还把一台月球表面钻岩机送到月球上，随着月表钻岩机的转动，所钻下来的月球内部岩石粉末被放到标本收集器里，灵活的机器人也不断伸出手臂，捡起月面上的石头，放到标本收集器里。新型月球车完成在月球表面上的探测和采集样品工作后，把采集到的标本放进返回舱，返回舱在地面的控制下返回地面，供地面科学研究人员进行研究。

2010 年 10 月 1 日，中国发射了第二个探月卫星“嫦娥二号”，再次取得了丰硕的成果。

2013 年 12 月 12 日，中国发射了“嫦娥三号”探测器，实现着陆器与月球车同时软着陆月球，并首次开展着陆器就位探测与月球车巡视探测的联合探测。2018 年 12 月 8 日 2 时 23 分，中国在西昌卫星发射中心用“长征三号乙”运载火箭成功发射“嫦娥四号”探测器，开启了月球探测的新旅程。2019 年 1 月 3 日 10 时 26 分，“嫦娥四号”的着陆器携带“玉兔二号”成功完成世界首次在月球背面软着陆。之后，任务转入科学探测阶段，着陆器和巡视器继续开展就位探测和月面巡视探测。

众所周知，月球表面没有空气，处于真空状态，因此月球车下降时不能采用降落伞，而是需要开启发动机制造出“空气阻力”。距月球表面 100 米左右时，仪器将自主选择一块相对平坦的位置，之后逐渐下落至距月球表面 4 米的位置。然后，发动机将熄灭，仪器将采用自由落体的方式，降落在月球表面。安全着陆后，“嫦娥三号”开始科学探索。着陆器平台上的月基天文望远镜、极紫外相机等都是国际上首次使用的科学探测仪器。其中，月基天文望远镜开展重要天体光变的长期连续监测和低银道带的巡天观测，让公众能够了解在月球上仰望的星空状态，极紫外相机将开展地球空间等离子体层的大视域一次性极紫外成像，从整体上探测太阳活动和地磁扰动对地球空间等离子体层极紫外辐射的影响，研究等离子体层在空间天气过程中的作用，提高中国空间环境监测和预报能力。安装在月球车上的测月雷达则像一双透视眼，可将巡视路段月壤层的厚度与结构传递回来。

传说“天上一日，地上一年”，实际上，月亮上一次日出日落相当于地球的28天。值得一提的是，每次长达近半个月的月夜十分寒冷，气温要下降到－180℃左右，常规的电池在这种环境下会报废。

着陆平台和月球车总不能工作“一天”就休息吧？“嫦娥三号”选择了同位素热源等技术，它能在月夜环境下保持－20℃左右以上，此时，月球车等进入“睡眠状态”，太阳再次在月亮上升起来的时候，电池自动重启，月球车开始进入工作状态。

“嫦娥四号”其实是“嫦娥三号”的备份机，两者设计得几乎一模一样。不过，“嫦娥三号”于2013年发射升空后，成功地将登月探测器降落在月球表面，并且释放出“玉兔”月球车，进行月岩探测，圆满完成了任务。所以“嫦娥四号”这个“替身”就得考虑再就业问题了，相关航天部门的专家，从2014年春天就开始谋划让这个同样花费巨资、精心设计制造的探测器，发挥不同的作用，获得更丰富的科研成果。

中国的探月工程分为“绕”“落”“回”三个阶段，“嫦娥三号”和“嫦娥四号”执行落月任务。“嫦娥五号”将承担采样返回任务，我国将在2020年前后，建立自己独立的空间站。我国还要建设全球北斗导航卫星系统，建立一个全球的对地观测。

目前，我国“人造生物圈”试验成功，载人深空探测和建立月球基地的基础保障技术攻克，也就是说，将来在月球基地上可种菜种粮。

实现远距离或长时间的载人深空探测、地外星球定居，首先要保障的就是航天员的人体循环。最近，我国首次受控生态集成实验取得成功，舱内种的蔬菜不但可以吃，还能够提供氧气并吸收二氧化碳，尿液处理后还能浇灌蔬菜。这项实验意义非凡，为未来建设月球基地和登陆火星人员实现自给自足，走出了第一步。今后，中国的宇宙飞船和空间站及未来的月球基地都不必再为携带大量制氧剂和生活物资而发愁了。这是一间足有 300 多立方米的大铁皮屋子，是一个“两居室”。其中的大屋子用来种菜，种了生菜、油麦菜、紫背天葵和苦菊四种植物。在数盏 LED 灯光的照射下，这些植物通过光合作用，净化舱内乘员呼出的二氧化碳，使舱内的氧气和二氧化碳保持动态平衡。在制氧绿色植物的选择上，科研人员也煞费苦心，在这个试验中选择的生菜等四种蔬菜的氧气转化效率最优，也就是说，同等种植面积下可以吸收最多的二氧化碳，释放出最多的氧气。而培养舱内的紫红色 LED 灯光也是根据这四种蔬菜对光谱、光质的“偏爱”确定的。

小房间住着两名参加试验的人员。他们在里面可以吃饭、睡觉、健身，还能上网办公，两个房间的空气是流通的。每天，植物的光合作用为试验人员提供了氧气，并净化了排出的二氧化碳，空气得到了平衡。

既然是生物圈，就要能循环起来，既能提供航天员所需的氧气和食物，也能消化航天员的代谢产物。试验舱所产生的冷凝水得到回收利用，尿液也被收集起来，经净化成为纯水，一部分用于浇灌植物，一部分用于电解产生氧气。试验人员每天以航天食品为生，不过，和太空中的航天员不同，他们在午餐时吃到了自己培育出来的新鲜蔬菜，当然是吃的未经加工的凉菜。

我国在建立空间站后，将采用第二代生保系统，氧气由水电解产生，而水的来源则可以通过人体排出的汗液及呼出的气体转化而成。现在试验成功的生保系统是第三代，未来将应用于我国的月球基地和火星基地中。到那时，不但可以种植蔬菜，还可以种植粮食、养殖动物等，让食物完全自给自足，所需要的氧气也将通过植物供给。这以后，航天中心还将建立更先进的“太空生态园”试验基地，可供 4 ~8 人在里面生活数月乃至数年。

07 中国的深空探测

◇ ……

（1）火星探测

火星是一颗富有传奇色彩的行星。

至今，人类的火星探测历程已经达到40多年。美国和俄罗斯曾向火星发射过23艘宇宙飞船。其中10艘彻底失败，7艘到达火星后没有传回数据，只有6艘传回了信息。火星的探测之路可谓崎岖而漫长。

中国第一个火星探测器“萤火一号”外观效果图

我国在“嫦娥”一期探月取得成功的同时，科学家们又开始呼吁进行更富挑战性的火星探测和小行星探测，跟上目前国际上风起云涌的深空探测。

2011 年，中国和俄罗斯联合探测火星，发射了“福布斯 - 土壤”火星探测器，但由于诸多原因，俄罗斯方面入轨失败。目前，中国正准备独立进行火星探测研究论证工作。

(2)“嫦娥二号”深空交会

北京时间 2012 年 12 月 13 日下午，“嫦娥二号”卫星成功飞抵距地球约 700 万千米远的深空，以 10.73 千米/秒的相对速度，在最近相对距离达 3.2 千米时与以西方凯尔特人神话的战神“图塔蒂斯”命名的小行星由远及近“擦肩而过”，首次实现中国对小行星的飞越探测。两者交会时，“嫦娥二号”星载监视相机还对“图塔蒂斯”小行星进行光学成像，在国际上首次实现对该小行星近距离探测。至此，“嫦娥二号”再拓展试验圆满成功，“嫦娥二号”工程完美收官。

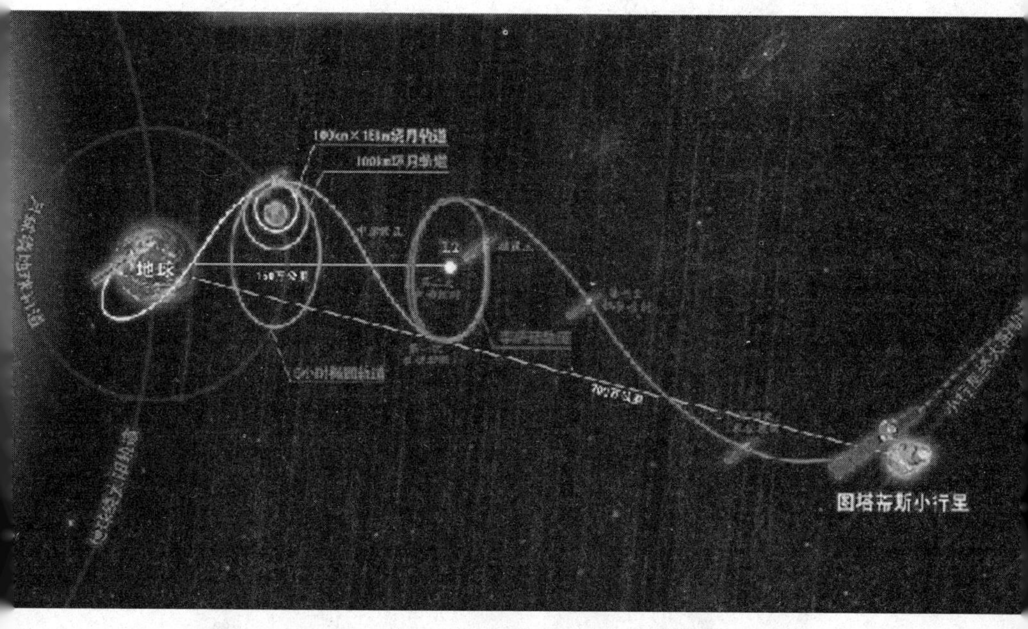

中国“嫦娥二号”与“图塔蒂斯”小行星交会示意图

这次“嫦娥”700万千米之外会“战神”，突破并验证了卫星对小天体探测的轨道设计与飞行控制技术，实现了我国航天飞行从40万千米到700万千米以远的跨越，为我国未来开展月球以远的深空探测积累了宝贵的工程经验。此前，美国、欧空局和日本先后探测过小行星。

短短两年间，从距离地球38万千米外的月球，到150万千米远的日地拉格朗日L2点，再到700万千米外的小行星，“嫦娥二号”卫星不断创造并刷新“中国高度”，实现了对月球、日地拉格朗日L2点、小行星等多任务、多目标的探测，创造了国际航天的多个第一，包括首次获得7米分辨率的全月球立体影像图、首次实现从月球轨道出发飞赴日地拉格朗日L2点进行科学探测、首次实现对“图塔蒂斯”小行星近距离探测。

小行星探测是近年来深空探测的热点之一。探测小行星工程依据交会时间、交会星地距离、速度增量、探测效果等约束条件，从包含60多万颗小行星的数据库中，最终遴选出了战神“图塔蒂斯”小行星作为再拓展试验探测目标。该小行星是一颗近地小行星，长度约为4.46千米，宽度约为2.4千米，其轨道远日点接近木星轨道，近日点处于地球轨道附近。由于轨道周期共振，基本每四年接近地球一次。上一次接近地球是2008年11月9日，距离约751万千米。2004年与地球最近距离仅为160万千米。因为运行时与地球太近，被美国航天航空局收入“潜在危险小行星”名单之中。“图塔蒂斯”的形状及自转都极具特点，对其开展研究有助于了解小行星在早期太阳系碰撞演化的重要科学信息。

飞越小行星后，“嫦娥二号”卫星继续向更远的深空飞行，2013年1月初与地球距离突破1000万千米，实现中国航天深空探测新的跨越，如今“嫦娥二号”已成为太阳系的小行星，绕太阳运行，预计会在2020年前后回到地球附近。

原本设计寿命仅半年的“嫦娥二号”卫星，超期服役近两年，实现了从备份星到先导星、从月球探测器到太阳系探测器的成功转变。科学的规划、零窗口发射、精确的测控、创新的轨道设计，使卫星节省了大量燃料，确保了“嫦娥二号”的远征之旅能量充足。

“嫦娥二号”本是“嫦娥一号”的备份，以弥补“嫦娥一号”任务的不足。2008 年，“嫦娥二号”升级为“嫦娥三号”的先导星，验证月球软着陆任务部分关键技术。从“绕”起步，为“落”探路的“嫦娥二号”，由替补变身先锋。

承担“落”月任务的“嫦娥三号”于 2013 年 12 月 2 日发射，实现了我国航天器首次在地外天体软着陆，为我国深空探测的发展进一步奠定技术基础。“嫦娥三号”的备份星“嫦娥四号”于 2019 年 1 月 3 日携带“玉兔二号”探测器成功完成世界首次在月球背面软着陆。至此，我国探月“落”阶段任务已圆满完成，期待“嫦娥五号”开启“回”阶段新征程。

08 中国航天奠基人——钱学森

◇ ……………

钱学森

钱学森在我国航天界的地位，可以媲美苏联的科罗廖夫、美国的冯·布劳恩，是世界级的航天大师和关键人物。

钱学森，浙江杭州人，中国空气动力学家，中国科学院、中国工程院院士，中国“两弹一星”功勋奖章获得者之一。曾任美国麻省理工学院教授、加州理工学院教授，为中美两国的导弹和航天计划都曾做过重大贡献，被誉为“中国航天之父”和“火箭之王”。

他出生于1911年12月11日，出身于吴越钱氏家族，父亲钱家治。这个家族在近现代出了很多名人。钱穆、钱复、钱基博、钱锺书、钱崇澍、钱家治、钱玄同、钱三强、钱伟长、钱学渠、钱永健、钱思亮、钱家骏都是这个家族的人，他们为中国现代化、文明化做出了巨大的贡献。钱学森小时候非常聪明。1935年9月，钱学森等20名“庚子赔款”留美公费生，从上海搭乘“杰克逊总统号”轮船，赴美国西雅图。1936年获得美国麻省理工学院硕士学位后，他到加州理工学院，师从空气动力学权威西奥多·冯·卡门教授。在美国，钱学森很快展现了他非凡的才华，成为当时美国航天航空领域的权威。他和冯·卡门创办了美国航天局喷气推进实验室。这个实验室，日后扬名世界。1945 年，他和冯·卡门作为专家代表美国，赴德国审问德国的火箭专家，其中就有日后成为美国航天事业的开拓者的冯·布劳恩。

当中华人民共和国宣告诞生的消息传到美国后，钱学森和夫人蒋英按捺不住内心的喜悦，商量着早日赶回祖国为国效力。然而当时，在“麦卡锡主义”盛行的美国，正在对知识分子进行迫害。

1950 年，钱学森到港口准备回国时，被美国官员拦住，并将其关进监狱，而当时美国的海军次长金布尔声称：“他知道所有美国导弹工程的核心机密，一个钱学森抵得上 5 个海军陆战师，我宁可把这个家伙枪毙了，也不能放他回红色中国去！”接着，美国对他的政治迫害接踵而至。移民局抄了他的家，并将他拘留 14 天，后来，海关又没收了他的行李，包括 800 千克书籍和笔记本，他们硬说里面有机密材料。

1955 年 6 月的一天，蒋英带着孩子，伴着钱学森佯装上街闲逛。他们巧妙地避开了特务的盯梢，溜进一家咖啡馆。钱学森以香烟盒作纸，用中文写信，请求祖国政府帮助他回国。

回忆起这段刻骨铭心的经历，钱学森说：“从 1935 年去美国，到 1955 年回国，我在美国整整 20 年。前三四年是学生，后十几年工作，所有这一切都在做准备，为的是日后回到祖国，能为人民做点事。”

钱学森在美国受迫害的消息很快传到国内，党中央对此极为关心，中国政府发表声明，谴责美国政府监禁钱学森。经过周恩来总理在与美国外交谈判上的不断努力——甚至包括不惜以释放 11 名在朝鲜战争中俘获的美军高级将领作为交换，1955 年 8 月 4 日，钱学森收到了美国移民局允许他回国的通知。9 月 17 日，钱学森一家人终于克服了重重阻力，登上了“克利夫兰总统号”回到了祖国。中国航天因此获得了巨大的本属于中国的头脑财富。

回国后的钱学森全力投入到中国的导弹研制事业。在薄弱的中国工业基础之上，用很短的时间使中国研制出了很多先进的导弹，建设了多个系列火箭，树立了“两弹一星”的丰碑。

钱学森和蒋英带着孩子回国

自 1958 年 4 月起，他长期担任火箭、导弹和航天器研制的技术领导职务，为中国火箭和导弹技术的发展提出了极为重要的实施方案，为新中国火箭、导弹和航天事业的发展做出了不可磨灭的巨大贡献。

1956 年年初，他向中共中央、国务院提出《建立我国国防航空工业的意见书》。同年，国务院、中央军委根据他的建议，成立了导弹、航空科学研究的领导机构——航空工业委员会，并任命他为委员。同年，参加中国第一次 5 年科学规划的确定，钱学森与钱伟长、钱三强一起，被周恩来称为中国科技界的“三钱”。钱学森受命组建中国第一个火箭、导弹研究所——国防部第五研究院并担任首任院长。他主持完成了“喷气和火箭技术的建立”规划，参与了近程导弹、中近程导弹和中国第一颗人造地球卫星的研制，直接领导了用中近程导弹运载原子弹“两弹结合”试验，参与制定了中国第一个星际航空的发展规划，建立并发展了工程控制论和系统学等。

在控制科学领域，1954 年，钱学森发表《工程控制论》，引起了控制领域的轰动，并形成了控制科学在20 世纪50 年代和60 年代的研究高潮。1957 年，《工程控制论》获得中国科学院自然科学奖一等奖。同年9 月，国际自动控制联合会（IFAC）成立大会推举钱学森为第一届 IFAC 理事会常务理事，他成为该组织第一届理事会中唯一的中国人。

在应用力学领域，钱学森在空气动力学及固体力学方面做了开拓性研究，揭示了可压缩边界层的一些温度变化情况，并最早在跨音速流动问题中引入上下临界马赫数的概念。1953 年，钱学森正式提出物理力学概念，主张从物质的微观规律确定其宏观力学特性，开拓了高温高压的新领域。

在系统工程和系统科学领域，钱学森在20 世纪 80 年代初期提出国民经济建设总体设计部的概念，坚持致力于将航天系统工程概念推广应用到整个国家和国民经济建设，并从社会形态和开放复杂巨系统的高度，论述了社会系统。他发展了系统学和开放的复杂巨系统的方法论。

工作中的钱学森

在喷气推进与航天技术领域，钱学森在20世纪40年代提出并实现了火箭助推起飞装置，使飞机跑道距离缩短；1949年，他提出火箭旅客飞机概念和关于核火箭的设想；1962年，他提出了用一架装有喷气发动机的大飞机作为第一级运载工具，用一架装有火箭发动机的飞机作为第二级运载工具的天地往返运输系统概念。

在思维科学领域，钱学森在20世纪80年代初提出创建思维科学技术部门，认为思维科学是处理意识与大脑、精神与物质、主观与客观的科学，推动思维科学研究是计算机技术革命的需要。他主张发展思维科学要同人工智能、智能计算机的工作结合起来，并将系统科学方法应用到思维科学的研究中，提出思维的系统观。

此外，在人体科学、科学技术体系等方面，钱学森也做出了重要贡献。他是人体生命科学的开创者和奠基人之一。

钱学森于1959年加入中国共产党，先后担任了中国科学技术大学近代力学系主任、中国科学院力学研究所所长、第七机械工业部副部长、国防科工委副主任、中国科技协会名誉主席。

1991年10月，国务院、中央军委授予钱学森“国家杰出贡献科学家”荣誉称号和一级英雄模范奖章。在钱学森心里“国为重，家为轻，科学最重，名利最轻。五年归国路，十年两弹成”。钱老是知识的宝藏，是科学的旗帜，是中华民族知识分子的典范，是伟大的人民科学家。

20世纪80年代，钱学森参与了许多重大、正确的航天决策，使中国航天避免走上航天飞机的不归路，反而迅速地发展了以飞船为导向的载人航天。2003年，他见证了中国第一位航天员杨利伟飞上太空。2007年，又见证了中国第一颗月球探测卫星的发射……见证了中国航天事业由大到强的过程。

钱学森1994年获得“何梁何利”基金奖，奖金100万港元，2001年又获得霍英东“科学成就终生奖”，奖金也是100万港元。这两笔奖金的支票还没拿到手，钱老就让秘书代他写委托书，将钱捐给祖国西部的沙漠治理事业。在将奖金捐出时，钱学森说：“我姓钱，但我不爱钱。”

2009年10月，钱学森先生因病去世，享年98岁。

八 喧闹的航天俱乐部

喧闹的航天俱乐部

◇ ……………

除了美国、俄罗斯、中国以外，世界航天还有欧洲、日本、印度、巴西、加拿大、伊朗、朝鲜、韩国等国已迈入或正在迈入航天俱乐部，成为世界航天的重要力量。

我们先看一下力量强大的欧洲航天。欧洲航天以欧洲航天局为组织，它多次组织了具有重要意义的航天发射。欧洲航天局总部设在法国首都巴黎，一共有 1700 名工作人员。它的前身——欧洲航天研究组织是 1964 年成立的，它今天仍然是欧洲航天局的一部分，称为欧洲空间研究与技术中心，设在荷兰的诺德韦克。欧洲航天局目前共有 18 个成员国：奥地利、比利时、捷克、丹麦、芬兰、法国、德国、希腊、爱尔兰、意大利、卢森堡、荷兰、挪威、葡萄牙、西班牙、瑞典、瑞士以及英国，另外，加拿大是附属成员，法国是主要贡献者。目前，欧洲航天局与欧盟没有关系，欧盟另有欧盟卫星中心。欧洲航天局简称 ESA。欧洲航天局开展了很多航天计划，比如：伽利略卫星定位系统、“火星快车号”火星探测器、“罗塞塔号”彗星探测器、“哥伦布”实验舱（它是国际空间站的一个科学实验室）、一种可以与国际空间站对接的自动运载飞船、“灵巧 1 号”月球探测器、“金星快车号”金星探测卫星等。欧洲航天局还与美国航天机构合作，参与了“哈勃”太空望远镜、“尤利西斯号”太阳探测器、“卡西尼－惠更斯号”土星探测器、“韦伯”太空望远镜、“费米”γ射线太空望远镜、红外线太空天文台、“XMM－牛顿”卫星、“赫歇尔”太空天文台等。欧洲航天局有自己的航天中心、运载火箭和发射场等一套完整的体系，航天成就卓著。

欧洲航天局“阿丽亚娜”运载火箭

除了欧洲，力量比较强大的还有日本。

随着日本空间科学和应用技术的发展，日本已拥有两个航天发射中心——鹿儿岛航天中心与种子岛航天中心。它们都位于日本南部。日本鹿儿岛航天中心隶属于日本宇宙科学研究所，是日本探空火箭和科学卫星运载火箭发射场。种子岛航天中心隶属于日本宇宙开发事业团，是日本应用卫星发射中心。

1970年2月，日本成功地发射了日本的第一颗人造地球卫星“大隅号”。抢先中国两个月，进入人造卫星俱乐部，成为全球第四个发射人造地球卫星的国家。1990年至2003年，日本研制了H－2、H－2A火箭、国际空间站日本试验舱，并且启动了日本侦察卫星计划。借助美国的航天飞机，日本也有了自己的航天员。

日本运载火箭

2003 年 5 月 9 日，日本用 MV 运载火箭成功发射小行星取样航天器——“隼鸟号”，其探测目标是“丝川”小行星，后成为“丝川”小行星的人造卫星。2010 年 6 月 13 日，“隼鸟号”小行星探测器深夜降落澳大利亚，取得了人类第一份小行星物质，世界为之震惊。

日本还发射了探月卫星“月亮女神号”。

2010 年 5 月 21 日，日本发射了金星探测器“拂晓号”，但该探测器最后失踪。

总之，日本航天发展迅速，野心勃勃。

印度航天事业是在苏联的帮助下建立起来的。印度的航天机构“印度空间研究组织”有 1.68 万人，具备制造和发射运载火箭、人造卫星、地面控制与回收等技术，建立了较为完善的航天研发体系。1963 年，印度在顿巴建成了第一个火箭发射台，发射了第一枚探空火箭。1975 年 4 月 19 日，印度第一颗自制卫星从苏联的火箭发射场发射成功。1980 年 7 月 18 日，印度第一次用自制的火箭从本国的发射场发射卫星成功，成为世界上第六个具有独立卫星发射能力的国家。2007 年 10 月 22 日，印度用一枚极地卫星运载火箭将印度首个月球探测器“月船 1 号”发射升空，探月也比较成功。

日本“先驱号”彗星探测器

印度还掌握发射“一箭多星”的技术。“一箭多星”是指用一枚运载火箭同时或先后将数颗卫星送入地球轨道的技术。“一箭多星”是一种先进的发射方式，通常包括两种常用的发射方式。第一种是把几颗卫星一次送入一个相同的轨道上；第二种是分次分批释放卫星，使各颗卫星分别进入不同的轨道。印度发射的“一箭五星”即属后一种发射方式。就技术而言，一枚运载火箭发射多种不同轨道的卫星比较复杂，较难掌握。

对印度来说，“一箭多星”的发射已非首次。2008 年曾成功进行了“一箭十星”的发射，轰动世界，铸造了印度火箭技术的里程碑。2009 年，印度又成功进行了“一箭七星”的发射。如今，继美国、俄罗斯、欧洲航天局和中国之后，印度也掌握了“一箭多星”的发射技术。短短几年连续多次“一箭多星”发射的成功，显示了印度这方面的技术已趋于成熟并达到颇高的水平。这些发射的背后，亦意味着印度掌握了具有相当水平的多弹头导弹的发射技术，军事上的重要意义不言而喻。

韩国的火箭“罗老号”发射了三次都没有成功。为什么叫罗老号呢？因在韩国南部全罗南道高兴郡外罗老岛罗老航天中心发射而得名。“罗老号”为两级火箭。一级火箭为俄罗斯制造，二级火箭由韩国制造。“罗老号”重 140 吨，它将在本次任务中携带一颗观测卫星。

朝鲜的“光明星 3 号”搭载“银河 3 号”火箭，从朝鲜平安道铁山郡的西海卫星发射场成功发射，进入预定轨道。在朝鲜发射卫星前，受到日本、美国、韩国的极力反对，日本还扬言要把朝鲜的卫星打下来。朝鲜有和平利用外太空的权利，但这一权利目前受到联合国安理会有关决议等的限制。

朝鲜对外称火箭发生故障，需要修理，将发射窗口延长到 2012 年 12 月 29 日，结果 12 日突然发射成功，令美国智库机构的预测大跌眼镜。

位于西海的朝鲜火箭发射场，图为“银河 3 号”运载火箭